Der Mond

Karl Urban
Hrsg.

Der Mond

Von lunaren Dörfern, Schrammen und Lichtblitzen

Hrsg.
Karl Urban
Freier Journalist
Tübingen, Deutschland

ISBN 978-3-662-60281-2 ISBN 978-3-662-60282-9 (eBook)
https://doi.org/10.1007/978-3-662-60282-9

Die Deutsche Nationalbibliothek verzeichnet diese Publikation in der Deutschen Nationalbibliografie; detaillierte bibliografische Daten sind im Internet über http://dnb.d-nb.de abrufbar.

Planung/Lektorat: Lisa Edelhäuser
Einbandabbildung: moon.nasa.gov/deblik

Springer ist ein Imprint der eingetragenen Gesellschaft Springer-Verlag GmbH, DE und ist ein Teil von Springer Nature.
Die Anschrift der Gesellschaft ist: Heidelberger Platz 3, 14197 Berlin, Germany

Vorwort

Im Januar 1994 beginnt eine kleine, scheinbar unbedeutende Raumsonde, den Mond zu umkreisen. Clementine stammt aus den USA, wurde aber nicht von der NASA gebaut. Sie scheint unbedeutend, weil das US-Verteidigungsministerium mit ihr kaum vier Monate lang einige experimentelle Überwachungstechnologien testet, während wissenschaftliche Ziele eher im Hintergrund stehen. Und doch markiert ausgerechnet diese Raumsonde eine Zeitenwende in der Raumfahrt, was aber damals noch niemand ahnt. Diese Neuausrichtung der Raumfahrt hält bis heute an und ist längst noch nicht vorüber: Es ist das wieder aufflammende Interesse und die Wiederentdeckung des Mondes.

Der gute Mond kann ein treuer, unbestechlicher Begleiter sein oder ein Schönheitsideal verkörpern wie in Fernost: Der Erdtrabant war wohl schon immer fester Bestandteil menschlicher Kultur. Er ist kein Himmelskörper, der Fruchtbarkeit bringt wie die Venus oder Zwist und Krieg wie der Mars – der Mond ist anders. Er wird zwar manchmal weniger und manchmal mehr, sein Licht kommt und geht mit den Mondphasen; aber doch ist er immer da. Entsprechend war der Mond für uns Menschen zumeist positiv besetzt. Mit den ersten Fernrohren und Teleskopen wurde unser Verhältnis sachlicher, denn die Menschen sahen zunehmend Gemeinsamkeiten jenes Himmelskörpers mit unserer Erde. Die Beobachter entdeckten hohe Gebirge; sie erkannten in den dunklen Maren gewaltige flache Ebenen. Nur über die Natur der kreisrunden und weit verbreiteten Ringstrukturen rätselten und stritten die Wissenschaftler lange, denn vergleichbare Geländeformen gibt es auf der Erde nur sehr selten. Entsprechend stritt man sich, ob es sich nicht vielleicht um Vulkankrater handelte. Es dauerte bis zu den ersten Mondlandungen und dem von Menschen gesammelten und zur Erde beförderten Gestein, das die Geologengemeinde befriedete. Die Krater entstanden durch äußere Einwirkung und der Mond muss entsprechend von Meteoriten geradezu verwüstet worden sein. Die Konsequenz war die Einsicht, dass das Sonnensystem nicht per se friedlich ist. Dieses Wissen verdanken wir dem Mond, der uns die Augen öffnete.

Als ich als junger Student nach meinem Abitur im Institut für Planetenforschung des Deutschen Zentrums für Luft- und Raumfahrt in Berlin-Adlershof ein Praktikum absolvierte, lernte ich: Die Erkenntnisse über den Mond stammten bis dahin noch weitgehend von den Mondlandungen mehr als drei Jahrzehnte zuvor und von jener (nur scheinbar) unbedeutenden Raumsonde Clementine: Die Planetenforscher an dem Institut unterhielten sich über ein sogenanntes Laser-Altimeter, mit dem Clementine die Höhe und Tiefen von Kratern, Ebenen und Gebirgen auf dem Mond sehr genau vermessen hatte. Diese Daten waren in Berlin-Adlershof begehrt, immerhin hatte der ehemalige Leiter jenes Instituts Gerhard Neukum in den 1970er Jahren eine Methode erfunden, das Alter verschiedener Regionen auf dem Mond mit dem Zählen von Kratern zu bestimmen, die sich nun, dank der Höhendaten der Clementine-Sonde, stark verfeinern ließ. Das Alter von Kratern auf dem Mars oder dem Merkur können wir heute nur deswegen abschätzen, weil wir dem Mond dieses Wissen mühsam abgerungen haben.

Es waren solche Einsichten, die mich selbst vor fast zehn Jahren dazu bewogen, mich in die Geologie einzuarbeiten und schließlich als Wissenschaftsjournalist zu arbeiten. Und tatsächlich hat mich der Mond seither nicht mehr losgelassen. Die lange Zeit ohne einen einzigen Besuch von Menschen oder Raumsonden zwischen 1976 und 1990 ist lange überwunden. Nach der letzten sowjetischen Sonde Luna-24 von 1976 flog kurz vor Clementine lediglich die japanische Hiten-Mission zum Mond. Speziell in den letzten Jahren ist auf diesem Gebiet viel passiert, was ich und etliche geschätzte Autoren aus der Zeitschriften *Sterne und Weltraum* und *Spektrum der Wissenschaft* über die Jahre zusammengetragen haben: Raumsonden aus den USA, Japan, China, Indien und sogar von Privatunternehmen haben ihn besucht. Dieses wiedererstarkte Interesse hängt eng mit Clementine zusammen: Die Sonde hatte 1995 erstmals klare Anzeichen für Wasser auf dem Mond gefunden: für einen Rohstoff, den Menschen vor Ort nutzen könnten, wenn sie dort eines Tages eine Basis aufbauen werden.

Viele vor 1969 geborene Menschen bekennen sich heute zur Raumfahrt und zu glühenden Anhängern der Weltraumforschung, weil sie dabei waren: Sie erlebten ihren Apollo-Moment vor dem Fernseher, als Neil Armstrong und Buzz Aldrin als erste Menschen auf dem Mond aufsetzten. Mir fehlt diese Erfahrung, denn als ich zur Welt kam war die letzte Apollo-Mondlandefähre schon seit einem Jahrzehnt verlassen. Und doch spielte das Weltall und der Mond für mich immer eine große Rolle, zumindest rückblickend: Die Zahl der Artikel und Radiobeiträge, die ich zum Mond verfasst habe, ist seit Jahren zunehmend und kulminierte für mich jetzt, zum 50. Jubiläum der ersten Mondlandung. Und es könnte genau so weiter gehen: Raumfahrtagenturen planen derzeit eine Raumstation in einer lunaren Umlaufbahn zu bauen; die US-Politik hat kürzlich angekündigt, der nächste Mensch auf dem Mond werde eine Frau sein und noch 2024 dort landen. Und junge Astronauten wie der 2015 von der ESA nominierte Matthias Maurer sprechen davon, sie könnten in einigen Jahren vielleicht mit den Chinesen zum Mond fliegen. Der Mond dürfte weiter spannend bleiben.

Die in diesem Buch zusammengetragenen Texte sind ein Abriss der aktuellen Entwicklung, deren Inhalt den Wissensstand zum Zeitpunkt der jeweiligen Veröffentlichung darstellt. Ich wage, damit einen Überblick über verschiedene Wellen der menschlichen Mondsucht zu geben: von den ersten Spekulationen auf der Basis astronomischer Beobachtungen, über Armstrongs vermeintlich „riesigen Schritt für die Menschheit" und das aufdämmernde Wissen über die ungemütliche Vergangenheit des Trabanten und aller Planeten bis zum gegenwärtigen Mondhype, dessen Endpunkt sich derzeit nur erahnen lässt: Denn ob Menschen wieder auf dem Mond landen, aus welchen Ländern sie kommen, ob sie friedlich zusammenarbeiten oder sich aus ideologischen Gründen vornehm ignorieren werden, all das ist derzeit noch nicht abzusehen. Zuletzt wagt auch ein Beitrag einen gar nicht so spekulativen Blick in Regionen fernab unseres Planetensystems. Denn anderswo könnte sich Leben auch auf Monden selbst entwickelt haben.

Ich wünsche Ihnen, dass Sie mit diesem Buch vom Mond in den Bann ziehen lassen.

Tübingen
20. Juli 2019

Karl Urban

Inhaltsverzeichnis

Teil I

Mondsüchtig: Luna im Teleskop

Das Bild des Mondes
Vom Altertum bis zum Beginn der Weltraumfahrt

Peter Janle

Der Mond ist zweifellos der uns vertrauteste Himmelskörper. Unsere Kenntnis von ihm hat sich im Laufe der Jahrtausende entwickelt und manche der Fragen, auf die wir erst heute eine Antwort finden, wurden von den Menschen schon immer gestellt.

Das Ende eines Jahrhunderts, oder, in noch größerem Maße, eines Jahrtausends bietet immer Anlaß, eine Bilanz über eine Thematik zu ziehen. Dieses gilt auch, und ist überaus lohnend, für unsere Kenntnis vom Mond. Die in Sterne und Weltraum vorgestellten Artikel über die detaillierten und spannenden Ergebnisse, die uns die Weltraummissionen gebracht haben, sollen nicht vergessen lassen, daß der Mensch sich schon im Altertum mit dem Mond befaßt hat, und daß unsere Vorfahren mit Teleskopbeobachtungen wichtige Grundlagen über die Formen und die Natur seiner Oberfläche gewonnen haben. Wegen der gebundenen Rotation des Mondes war die Enthüllung der Rückseite jedoch erst mit der Weltraumfahrt möglich. Leider können hier nur wenige Aspekte angesprochen werden. Eine neuere umfassende Darstellung im deutschen Sprachraum ist mir nicht bekannt. Es sei hierfür auf ein älteres Buch von Günther (1911) verwiesen. Der Nagel-Verlag (1970) hat in seiner Reihe „Enzyklopädie-Reiseführer" einen Band mit zahlreichen historischen Karten des Mondes und Abbildungen zur Astronomiegeschichte herausgebracht.

P. Janle (✉)
Geophysiker und Planetenforscher, Christian Albrechts Universität Kiel,
Kiel, Deutschland

K. Urban (Hrsg.), *Der Mond*, https://doi.org/10.1007/978-3-662-60282-9_1

Der Mond im Altertum bis zur Erfindung des Fernrohrs Anfang des 17. Jahrhunderts

Durch seine Prägnanz am Himmel erscheint der Mond oft greifbar nahe; bis zum Beginn der Weltraumfahrt war er jedoch für den Menschen unerreichbar. Seine Veränderlichkeit regte zu Mythen und Märchen an. Seine gute Beobachtbarkeit und seine Veränderlichkeit waren die Grundlage für einen sehr praktischen Nutzen der Menschen schon im frühen Altertum, vielleicht sogar schon in der Steinzeit: die Aufstellung eines Mondkalenders, der heute noch in islamischen Ländern im Gebrauch ist.

Den Beginn der Selenologie könnte man Thales von Milet zuschreiben. Er sagte eine Sonnenfinsternis für den 28. Mai 585 v. Chr. voraus und erklärte sie auch richtig mit der Bahnposition des Mondes zwischen Erde und Sonne. Seine Grundlage bildeten wahrscheinlich genaue Bahnbeobachtungen der Chaldäer. Diese entdeckten den Saroszyklus. Das ist die Rückwärtsbewegung der Mondknoten, d. h. nach 18 Jahren und $11^1/_3$ Tagen hat der Mond wieder die gleiche Stellung zur Sonne, Erde und Knotenlinie, so daß sich Sonnen- und Mondfinsternisse im gleichen Zyklus wiederholen. Aristoteles (384–322 v. Chr.) leitete die Kugelform des Mondes aus Sonnenfinsternissen und wechselnden Mondphasen ab. Durch den hohen Stand der Geometrie gelang es erstmals Aristarch von Samos (320–250 v. Chr.) die Erde-Mond-Distanz mit 56 Erdradien zu bestimmen; der Fehler zum wahren Wert beträgt nur 7 %. Es sei hier daran erinnert, daß Aristarch erstmals das heliozentrische System postulierte. Einer der größten Geometer des Altertums war Hipparch von Nizäa (um 190–120 v. Chr.). Er bestimmte die Erde-Mond-Distanz fast genau mit 59 Erdradien (genau: 60,4) und den Mondradius mit 0,33 Erdradien (genau: 0,27). Er entdeckte weiterhin die Exzentrizität des Mondumlaufs und die Inklination der Mondbahn von 5° gegenüber der Bahn der Erde um die Sonne. Poseidonius von Apameia (um 135- um 50 v. Chr.) führte die Meeresgezeiten auf die Einwirkung des Mondes zurück. Abgesehen von der Entwicklung von Beobachtungsinstrumenten und hervorragenden Beobachtungen (u. a. Sternkataloge) im arabischen Kulturkreis gab es im ausgehenden Altertum und im Mittelalter keine entscheidenden Fortschritte in der Astronomie. Erst die Renaissance im 14. und 15. Jahrhundert löste sich von der mittelalterlichen Scholastik und führte zu einem kritischen Denken mit Beobachtungen und Experimenten. Ein entscheidender Wendepunkt für das allgemeine Weltbild war hier die (Wieder-)Einführung des heliozentrischen oder kopernikanischen Systems durch Nikolaus

Copernicus (1473–1543). Neben der zentralen Stellung der Erde im alten geozentrischen oder ptolemäischen System war ein wichtiger Unterschied zum heliozentrischen System die Göttlichkeit der Himmelskörper und der Umlaufbahnen oder Himmelssphären. Sie bestanden nicht aus irdischem Material (Feuer, Wasser, Luft und Erde nach Leukipp und Aristoteles) sondern aus quinta essentia, der fünften Essenz. Hier spielte der Mond eine kleine, aber wichtige Rolle, um dieses Bild zu erschüttern, wie es im nächsten Abschnitt geschildert wird.

Die erste kartographische Darstellung des Mondes wurde um 1600 noch vor der Erfindung des Fernrohrs von dem Engländer William Gilbert angefertigt und in seinem Buch „De Mundo Nostro Sublunari etc." präsentiert. Man erkennt recht gut die Verteilung der dunklen Marebecken und hellen Hochländer auf der Oberfläche. Gilbert war der Leibarzt der englischen Königin Elizabeth I. Er beschrieb erstmals im Jahre 1600 wissenschaftlich das Magnetfeld der Erde als Dipol („De Magnete, Magneticisque Corporibus, et de Magno Magnete Tellure"). Gilberts und die weiteren ersten frühen Mondkarten sind mit Norden nach oben ausgerichtet. Spätere Mondkarten sind zum Teil gemäß den bildumkehrenden Linsensystemen mit Süden nach oben orientiert.

Erkundung des Mondes mit Teleskopen

Der nächste entscheidende Schritt für die Astronomie wurde mit der Erfindung des Fernrohrs durch den holländischen Brillenschleifer Jan Lapprey im Jahre 1608 gemacht. Während es bis dahin nur vage Vermutungen über die Helligkeitskontraste der Mondoberfläche gab und die Planeten nur als helle Punkte bekannt waren, konnte man mit dem Fernrohr Informationen über die Oberflächen der planetaren Körper gewinnen. 1609 baute Galileo Galilei sein erstes Fernrohr, und er publizierte 1610 seine erste kartographische Darstellung der Mondoberfläche im Sidereus Nuntius. Diese Darstellung war schon so genau, daß wir heute den Strukturen auf der Karte leicht die größeren Mondformationen zuordnen können. Auffällig sind, wie auch auf den nachfolgenden Karten, die großen Krater. Galilei interpretierte die Strukturen auch als Berge und Täler und in diesem Sinne als erdähnlich. Damit holte er den Mond aus dem Bereich der Himmelssphären. Diese Sichtweise untergrub das ptolemäische zugunsten des kopernikanischen Systems (s. o.). Seine weiteren Beobachtungen zur Stützung des heliozentrischen Systems waren die Beobachtung von Sonnenflecken, des Jupiters mit seinen Monden als Miniatursonnensystem, und der Phasen der

Venus. Er verstieß mit seinen Beobachtungen gegen das kirchliche Dogma, das das geozentrische System stützte, und bekam damit seine bekannten Probleme mit der Inquisition.

Die Karten werden immer genauer

Mit der rasanten Entwicklung der Teleskope gab es immer bessere kartographische Darstellungen der Mondoberfläche. Einige der besten Autoren von frühen Karten der gesamten Mondvorderseite seien hier genannt: Michael van Langren (Langrenus), Antwerpen 1645; Johann Höwelcke (Hevelius), Danzig 1647; Francesco Maria Grimaldi, Bologna 1651; Gian Dominico Cassini, Paris 1680; Tobias Mayer um 1750; Wilhelm Beer und Johann Heinrich Mädler, Berlin 1834, 1837. Stellvertretend sei hier in die Mondkarte von Hevelius aus dem Jahre 1647 erwähnt. Das Phänomen der Libration, die Galilei schon erkannte, ist in der Karte berücksichtigt. Hevelius war Ratsherr der Stadt Danzig und Privatastronom. Er baute sich aus Eigenmitteln eine Sternwarte und konstruierte riesige sogenannte Luftfernrohre mit bis zu 45 m Brennweite. 1647 veröffentlichte er „Selenographia sive Lunae Descriptio etc.", das erste wissenschaftlich fundierte Werk der Selenographie.

Giovanni Battista Riccioli führte in seinem „Almagestum Novum Astronomiam Veterem etc.", Bologna 1651, die im wesentlichen bis heute geltende Nomenklatur für die Mondoberfläche ein. Frühe Beobachter hielten die dunklen, strukturlosen Ebenen für Meere; daher rührt die Bezeichnung Mare (Plural: Maria). Die hellen Hochländer wurden Terrae (Singular: Terra) genannt. Ende des 17. Jahrhunderts schloß Christian Huygens aus der Abwesenheit von Flüssen und Wolken auf das Fehlen von Wasser. Weiterhin hatte er beobachtet, daß Sterne, die sich dem Mondrand nähern, ohne Abschwächung hinter dem Mond verschwinden. Er schloß daraus richtig auf die Abwesenheit einer Atmosphäre.

Anfang des 19. Jahrhunderts gestattete das Auflösungsvermögen der Teleskope die Anfertigung von mehrblättrigen Kartenwerken des Mondes. Hier wird als Beispiel die Sektion IV des 25blättrigen Werkes von Wilhelm Gotthelf Lohrmann vorgestellt (Ahnert 1963). Das Blatt umfaßt die Apenninen und das Randgebirge des Mare Imbrium. Lohrmann zeichnete seine Karten von 1824 bis 1836. Das Gesamtwerk wurde 1878 von J. F. Julius Schmidt mit punktuellen Höhenangaben neu herausgegeben. Man beachte die Landestelle von Apollo 15 bei Mons Hadley westlich der Palus putredinis, etwa 26° Nord und 40° West (Ost in modernen Karten).

Das gleiche Gebiet wird in einer Reliefdarstellung von Nasmyth und Carpenter (1906) gezeigt. Die Darstellung der Mondoberfläche dieser beiden britischen Autoren vom Ende des 19. Jahrhunderts fand in der Literatur eine weite Verbreitung. Man beachte die erfaßten Rillensysteme, die bei Lohrmann nur schwach angedeutet sind.

Die Landschaft in Abb. 1 zeigt, wie man sich Ende des 19. Jahrhunderts den Blick vom Mond auf die Erde vorgestellt hat. Heute wissen wir, daß der Mond keine steilen Gebirge besitzt; die Topographie zeigt nur recht sanfte Undulationen.

Die vergangenen 150 Jahre haben den hohen Wert der Photographie in der Astronomie und auch bei der Erkundung des Mondes erwiesen. Schon bald nach der Erfindung der Photographie 1826/1827 durch den Franzosen Joseph Nicephore Niepce gelang J.W. Draper am 23. März 1840 die erste Mondphotographie.

Abb. 1 Vorstellung des Blicks vom Mond auf die Erde Ende des 19. Jahrhunderts. (Aus Weiß 1888)

Die Mondkartographie ist nicht einfach

Zwei Probleme einer genaueren Mondkartographie sollen jetzt angesprochen werden. Zum einen ist es wichtig, die Strukturen möglichst genau relativ zu einem Gradnetz des Mondes in die Karten einzutragen. Das geschah zunächst visuell mit einigen Hilfsmitteln. Hier leistete die Photographie eine entscheidende Hilfe, da man jetzt die Lage der Strukturen auf der Photoplatte genau ausmessen konnte. Das andere Problem war die dritte räumliche Dimension bzw. die Höhenverteilung. Es wurde schon oben erwähnt, daß Schmidt in die Lohrmannschen Karten Höhenpunkte eintrug. Eine grundlegende Methode zur Vermessung von Höhen auf dem Mond hatte schon Galilei vorgeschlagen. Aus geometrischen Überlegungen, bei Kenntnis des Durchmessers bzw. Umfangs des Mondes, kann man aus dem Schattenwurf von topographischen Erhebungen und der Beleuchtung von hohen Punkten jenseits des Terminators bei Sonnenaufgang lokale Höhen rekonstruieren. Ende des 19. Jahrhunderts gestattete die Photographie eine weitere, sehr effektive Methode zur Höhenbestimmung. Die Aufnahme von zwei Bildern zu verschiedenen Zeiten mit *nahezu* gleicher Phase gestattet die stereographische Höhenbestimmung. Dieses Prinzip der Stereophotographie wird heute noch von Satelliten aus angewendet. Die Breslauer Astronomen J.H. Franz und C. von Mainka hatten mit dieser Methode erstmals 1890 und 1891 zwei Platten des Lick-Observatoriums ausgewertet. Das Ergebnis ihrer Arbeiten mündete 1899 in die erste globale Höhenschichtkarte der Mondvorderseite. Sie ist zwar noch sehr grob, aber damit wurde erstmals quantitativ die Beckennatur der Maregebiete nachgewiesen. Man vergleiche diese Karte mit der neuesten globalen topographischen Karte des Mondes, die auf Clementine-Daten basiert (Beitrag Janle zum Aufbau des Mondes, Heft 10/99).

Woher stammen die Mondkrater?

Es sei in diesem Zusammenhang eine weitere interessante Bemerkung aus der Geschichte der Mondforschung gestattet. Wegener (1921) erwähnt, daß Franz die Anordnung der großen Maria als Gürtel bezeichnet hat, der gegenüber dem jetzigen Äquator um 21° geneigt ist und vielleicht als frühere Äquatorialzone anzusprechen ist. Der englische Geophysiker und Planetologe Keith Runcorn hat ebenfalls aus dieser Anordnung der Maria und dem Auftreten von magnetischen Anomalien auf der Mondoberfläche auf eine

Polwanderung geschlossen (Runcorn 1988). Diese Hypothese ist jedoch sehr umstritten. Der Autor gibt in seinem dritten Beitrag dieser Artikelserie (Heft 11/99) einen Überblick über die Interpretation der neuen Daten des Mondmagnetfeldes, die mit den Apollo-Missionen und Lunar Prospector gewonnen wurden.

Obwohl schon in den ersten Kartenskizzen von Galilei Mondkrater zu erkennen sind, wurde der Ursprung dieser Strukturen zunächst ausgespart. Erste Spekulationen über den Ursprung der Krater veröffentlichte der Engländer Robert Hooke in seinem Buch „Micrographia“ im Jahre 1665. Er schlug schon die beiden Hypothesen vor, die später am eingehendsten diskutiert wurden: die Vulkanhypothese und die meteoritische Aufsturz- oder Impakthypothese. Hooke bevorzugte die Vulkanhypothese, da er den interplanetaren Raum für leer hielt. Nach unserem heutigen Erkenntnisstand war diese Annahme falsch. Die Vulkanhypothese wurde begründet mit der morphologischen Ähnlichkeit der Mondkrater mit vulkanischen Strukturen auf der Erde. Verfechter dieser Hypothese waren u. a. Immanuel Kant, Wilhelm Herschel, Alexander von Humboldt, Leopold von Buch, Eduard Suess sowie J. Nasmyth und J. Carpenter.

Eine frühe grundlegende Diskussion der verschiedenen Ursprungshypothesen der Mondkrater gibt der Geophysiker und Meteorologe Alfred Wegener (1921). Er setzt sich neben den beiden schon erwähnten Hypothesen auch mit der Blasenhypothese und der Gezeitenhypothese auseinander, die aber hier nicht weiter verfolgt werden sollen. Alfred Wegener hatte mehrere Einwände gegen die vulkanische Deutung. Er erkannte von der Morphologie her, daß in der Regel bei Impaktkratern der Kraterboden unterhalb des Umgebungsniveaus liegt, während die Vulkankraterböden über dem Umgebungsniveau liegen. Weiterhin erkannte er, daß die Vulkane der Erde an tektonische Bewegungslinien gebunden sind, während Impaktkrater wie auf dem Mond statistisch verteilt sind. Letztere Bemerkung muß in Zusammenhang mit seinem großartigen Konzept der Kontinentaldrift gesehen werden, das sich jedoch erst nach 1960 durchsetzte.

Alfred Wegener war ein entschiedener Verfechter der Aufsturzhypothese. Er diskutiert ausführlich die Entwicklung dieser Hypothese, wobei seine Recherchen bis zum Münchener Astronomen Gruithuisen 1828 zurückreichen. Die frühen Befürworter der Aufsturzhypothese stützten sich vor allem auf Aufsturzexperimente. Interessant sind hier die Experimente des Geheimen Bergrats Althans, der Artillerieeinschüsse in Panzerplatten mit den Mondkratern verglich. Dies ist eine erste Annäherung an die Hochgeschwindigkeitsbedingungen bei Impakten. Zwischen 1892 und 1894 publizierte der amerikanische Geologe G. K. Gilbert eine umfassende Studie zur Aufsturzhypothese (Gilbert 1892–1894). Wegener selbst führte zahlreiche Impaktexperimente durch, wobei er Zementpulver sowohl als Grundmasse als auch als aufstürzende Masse benutzte (Wegener 1920, 1921). Er konnte damit zahlreiche morphologische Phänomene der Mondkrater simulieren, wie den Ringwall, Zentralberge, die Auswurfdecke und das helle Strahlensystem junger Krater (Abb. 2). Sein Verdienst ist es auch, den Impaktursprung der großen Marebecken begründet zu haben. Er spricht in seiner Schrift von 1921 schon die wichtigsten Probleme der modernen Impaktkraterforschung an.

Diese Impaktexperimente haben jedoch ein Problem, das dazu führte, daß eine Entscheidung zwischen beiden Hypothesen erst möglich wurde, als Mondgesteine zur Erde gebracht wurden. Es gibt nämlich zahlreiche irdische vulkanische Explosionskrater, die nur durch eine oder wenige heftige Explosionen erzeugt wurden, mit Kraterböden, die unterhalb des Umgebungsniveaus liegen. Dazu gehören die Maare (nicht zu verwechseln mit Mare auf dem Mond), z. B. in der Eifel, aber auch einige größere Explosionskrater wie der Ngorongoro im Ostafrikanischen Graben, Tansania, mit 22 km Durchmesser. Es gibt auf dem Mond und auch auf anderen planetaren Körpern Kraterketten im Zusammenhang mit tektonischen Linien, die wahrscheinlich vulkanische Explosionstrichter sind, wie z. B. in der Hyginusrille. Die Entscheidung für den Impaktursprung fiel in zwei Schritten.

Schon vor der ersten Mondlandung fanden die amerikanischen Geologen E.M. Shoemaker und E. C.T. Chao 1960/1962 Coesit und Stishovitt, Hochdruckmodifikationen des Quarz, im Nördlinger Ries. Diese Hochdruckmineralien können vulkanisch nicht erzeugt werden. Damit war der Impaktursprung für das Ries und ähnliche Krater auf der Erde akzeptiert, und indirekt auch der Impaktursprung für die Mondkrater. Der endgültige Beweis für den Impaktursprung der Mondkrater wurde dann durch die Entdeckung von Hochdruckmineralien in den Mondproben erbracht. Es gab allerdings noch einige wenige Wissenschaftler, wie den Amerikaner John A. O'Keefe, die nach den Mondlandungen auch weiterhin für den vulkanischen Ursprung von einigen größeren Mondkratern plädierten. Heute ist jedoch allgemein akzeptiert, daß ein vulkanischer Ursprung nur bei wenigen kleinen Kratern eine Rolle gespielt hat. Zu bemerken ist vielleicht noch, daß O'Keefe wie viele andere Autoren vor ihm forderte, daß die glasartigen Tektite vom Mond stammen. Auch hierbei ist heute allgemeine Ansicht, daß die Tektite durch bei größeren Meteoriteneinschlägen auf die Erde aufgeschmolzenes und

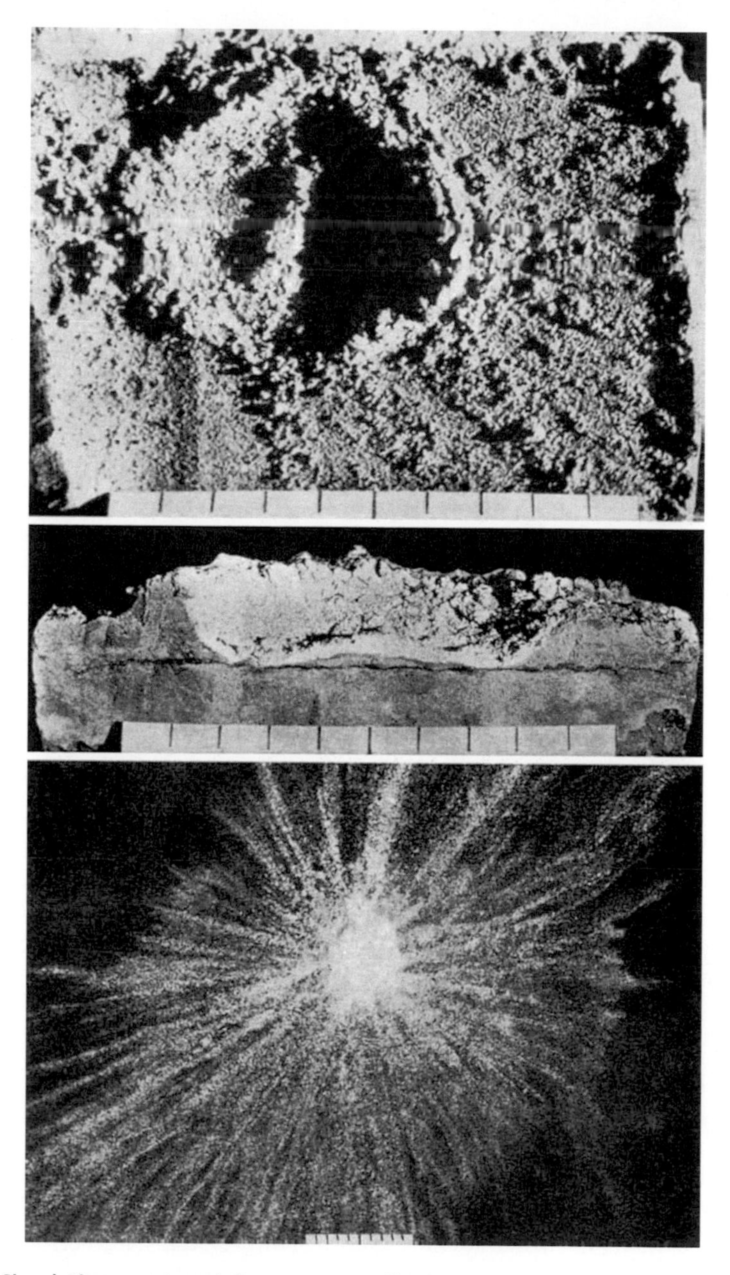

Abb. 2 Simulation von Impaktkratern von Alfred Wegener aus den Jahren 1919/1920. Bei den Experimenten wurden Ringwälle, zentrale Erhebungen und Strahlensysteme erzeugt. (Aus Wegener 1920)

herausgeschleudertes Erdkrustenmaterial entstanden sind (z. B. die Moldavite vom Nördlinger Ries). Der neuseeländische Planetologe S. R. Taylor erklärte 1975: „Der lunare Ursprung der Tektite … starb am 20. Juli 1966. Die Diagnose der Todesursache war eine Überdosis von Monddaten."

Es wurde oben schon angesprochen, daß sich Wegeners Konzept der Kontinentaldrift sehr spät im Rahmen der modernen Plattentektonik durchgesetzt hat. Zu seiner Zeit konnte man sich die in geologischen Zeiträumen hohe Mobilität der Erdkruste nicht vorstellen. Man hatte keine Erklärung für die verursachenden Kräfte. Bis etwa zur Mitte des 20. Jahrhunderts dominierte ein fixistisches Weltbild bezüglich der Lage der Kontinente und Ozeane. Mit dem schottischen Geologen Charles Lyell hatte sich im 19. Jahrhundert eine gradualistische Vorstellung von den geologischen Gestaltungsvorgängen für die Erdkruste durchgesetzt, d. h. alle Änderungen verlaufen sehr langsam. Da hatten katastrophale Gestaltungsmechanismen wie Meteoriteneinschläge auf der Erde und also auch auf dem Mond keinen Platz. Aus der Diskussion des Ursprungs der Mondkrater und ähnlicher Krater auf der Erde geht hervor, daß hier Alfred Wegener wegweisend war. Allerdings muß erwähnt werden, daß er zögerte, den Impaktursprung auf irdische Krater zu übertragen. Die Abneigung gegen Katastrophen in der Erdgeschichte führte auch dazu, daß der Impaktursprung für die Chicxulub-Struktur in Yucatan mit 180–300 km Durchmesser in den achtziger Jahren kontrovers diskutiert wurde. Untersuchungen von großen Impaktkratern auf dem Mond und anderen Planeten zusammen mit neuen Felddaten der Chicxulub-Struktur haben aber zur allgemeinen Akteptanz des Impaktursprungs geführt. Diese Katastrophe wird für das Artensterben an der Kreide/Tertiärgrenze vor 65 Mio. Jahren verantwortlich gemacht. Dieser Punkt wird aber bis heute noch kontrovers diskutiert.

Ausblick auf die Weltraumerkundung des Mondes

Die ersten Erfolge bei der Weltraumerkundung des Mondes gelangen der Sowjetunion. 1959 umrundete Luna 3 zum ersten Mal erfolgreich den Mond und gestattete der Menschheit den ersten Blick auf die Mondrückseite. Abb. 3 zeigt das noch etwas schemenhafte Bild der Mondrückseite zusammen mit der ersten resultierenden Kartographie. Man vergleiche dieses Bild mit modernen Darstellungen im zweiten Beitrag von Janle. 1964 und 1965 lieferten die amerikanischen Ranger-Sonden erste hochauflösende

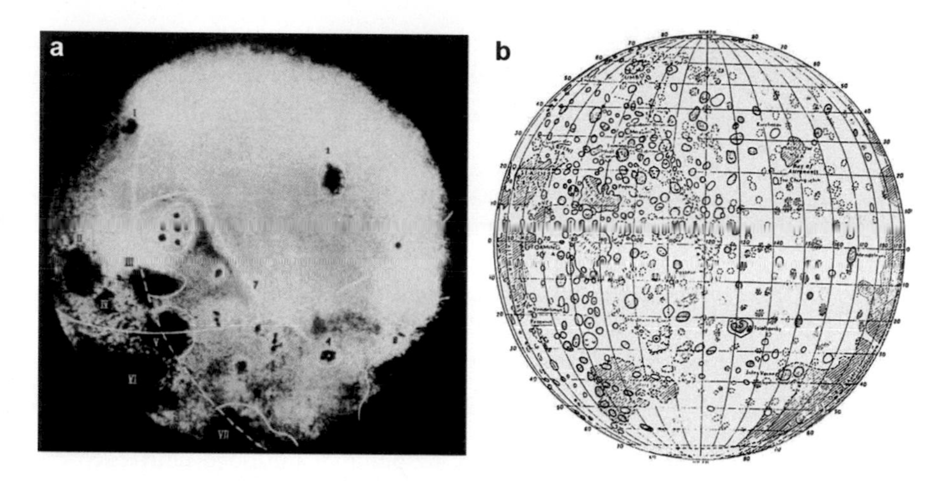

Abb. 3 a) Erste Aufnahme der Mondrückseite von der sowjetischen Sonde Luna 3 aus dem Jahre 1959. **b)** zeigt die kartographische Auswertung der Bilder der Mission. Formationen auf der Rückseite: 1) Mare Moscoviense, 2) Golf der Kosmonauten, 3) Fortsetzung von Mare Australe, 4) Krater Tsiolkovsky, 5) Krater Lomonosov, 6) Krater Joliot-Curie, 7) Sowjetgebirge, 8) Meer der Träume. Formationen auf der Vorderseite: I. Mare Humboldt, II. Mare Crisium, III. Mare Marginis, IV. Mare Undarum, V. Mare Smythii, VI. Mare Fecunditatis, VII. Mare Australe. (Aus: Greeley und Batson, 1990).

Bilder im Sturzflug auf die Mondoberfläche aus den Gebieten Mare Nubium, Mare Tranquillitatis und Krater Alphonsus; die Missionen endeten jedoch planmäßig mit einer harten Landung. 1966 gelang der Sowjetunion mit Luna 9 die erste weiche Landung auf dem Mond im Oceanus Procellarum. Elf Fernsehbilder wurden gesendet. Das erste Bild, das von der Mondoberfläche aus aufgenommen wurde, wurde jedoch nicht von der sowjetischen Weltraumagentur veröffentlicht, sondern von britischen Radioastronomen. Diese haben mit dem Radioteleskop von Jodrell Bank die Signale von Luna 9 empfangen und das erste Bild, wenn auch etwas verzerrt, an die Presse weitergegeben. Man könnte dieses Vorgehen als Datenpiraterie in der Weltraumfahrt bezeichnen. Dieses ist jedoch das einzige mir bekannte Beispiel; es wird heute mit einem gewissen Schmunzeln betrachtet und muß im Rahmen der damals herrschenden Begeisterung für die Weltraumfahrt gesehen werden. Wenig später folgte das entsprechende von den Sowjets veröffentlichte Bild. Beide Bilder zeigen am oberen Bildrand einen markanten Impaktkrater. Der im Vordergrund liegende Stein mit dem langen Schlagschatten hat eine Höhe von 15 cm. Typisch ist die makroskopisch rauhe Struktur der Oberfläche, die auch durch teleskopische photometrische Verfahren bestimmt wurde und als „fairy castle"-Struktur beschrieben wurde. Die folgenden unbemannten Landesonden der Sowjetunion (u. a. Luna-Serie) und der USA

(u. a. Surveyor-Serie) haben gezeigt, daß die oberste Bodenschicht mikroskopisch aus sehr feinem Staub besteht. Diese ersten sowjetischen Erfolge waren der Anlaß des sowjetisch-amerikanischen Wettlaufs zum Mond.

Literatur

Ahnert, P. (Hrsg.): Mondkarte in 25 Sektionen von Wilhelm Gotthelf Lohrmann. Mit einer Beschreibung der einzelnen Karten von Dr. J. F. Julius Schmidt. 2. Auflage, Johann Ambrosius Barth, Leipzig 1963.

Gilbert, G.K.: The Moon's Face; a Study of the Origin of its Features. Bull. of the Phil. Soc. of Washington 12, 241–292, 1892–1894.

Greeley, R. und Batson, R. M.: Planetary Mapping. Cambridge University Press, Cambridge 1990.

Günther, S.: Vergleichende Mond- und Erdkunde. Verlag Friedr. Vieweg und Sohn, Braunschweig 1911.

Nagel Verlag: Der Mond – oder – Die Selenologie im Spiegel ihrer Darstellungen. Reihe Nagels Enzyklopädie-Reiseführer, München 1970.

Nasmyth, J. und Carpenter, J.: Der Mond als Planet, Welt und Trabant. 4. Auflage, Verlag Leopold Voss, Hamburg und Leipzig, 1906.

Runcorn, S.K.: Der Magnetismus des Mondes. Spektrum der Wissenschaften, 64–73, Februar 1988.

Wegener, A.: Versuche zur Aufsturztheorie der Mondkrater. Nova Acta. Abh. der Leop.-Carol. Deutschen Akademie der Naturforscher. Bd. CVI, Nr. 2, Halle 1920.

Wegener, A.: Die Entstehung der Mondkrater. Sammlung Vieweg. Tagesfragen aus den Gebieten der Naturwissenschaften und der Technik. Heft 55. Verlag Friedr. Vieweg und Sohn, Braunschweig 1921.

Weiß, E.: Bilder-Atlas der Sternenwelt. Verlag J. F. Schreiber, Eßlingen 1888.

Ein lunares Luftschloss

Martin J. Neumann

Kultivierte Lebewesen und eine üppige Vegetation – so stellte sich Franz von Paula Gruithuisen (1774–1852) das Dasein auf dem Mond vor. Und dabei blieb es nicht: Denn im Jahr 1824 beschrieb der himmelskundige Arzt ein „colossales Kunstgebäude", das er auf dem Erdtrabanten entdeckt zu haben glaubte. Begleiten Sie uns auf einer Tour zu dieser Mondformation, die in keinem modernen Verzeichnis zu finden ist!

Die Hoffnung, außerhalb der Erde Leben zu entdecken, ist für die Menschen seit jeher eines der stärksten Motive für den Blick zum Himmel: Die Sterne, alle großen Planeten unseres Sonnensystems und nicht zuletzt unser Mond – sie alle galten einst als belebt und standen als mögliche Horte außerirdischer Wesen im Visier beobachtender Astronomen. Doch ab der zweiten Hälfte des 20. Jahrhunderts ernüchterte uns die mit immer raffinierteren Mitteln arbeitende Forschung durch die Einsicht, dass die Suche nach belebten Welten erheblich mühsamer ist als gedacht.

Selbst lichtstarke Riesenteleskope, Weltraumobservatorien mit empfindlichen Detektoren und mit Bohrern ausgestattete Planetenrover förderten noch keine belastbaren Beweise für außerirdisches Leben zu Tage. Daher mag es heute schwer fallen, sich in die Menschen früherer Jahrhunderte hineinzuversetzen, die sich die karge Kugel des nahen Erdmondes als belebten Himmelskörper vorstellten. Und doch ist es möglich, denn Amateurteleskope eignen sich gut, um genau das zu sehen, was noch im 19. Jahrhundert die Gemüter bewegte.

M. J. Neumann (✉)
Redakteur bei „Sterne und Weltraum", Heidelberg, Deutschland

K. Urban (Hrsg.), *Der Mond*, https://doi.org/10.1007/978-3-662-60282-9_2

Während damals die Berliner Selenografen Johann Heinrich Mädler und Wilhelm Beer akribisch die Mondoberfläche kartierten und den Erdtrabanten als unbelebt und unveränderlich ansahen, suchte ein anderer – mit ebenso wachsamem Auge am Okular – nach Indizien für Vegetation und intelligente Wesen. Es war der 1774 geborene Franz von Paula Gruithuisen. Der Sohn finanziell schlecht situierter Eltern trat nach dem Besuch einer Chirurgenschule 1788 in den Dienst der österreichischen Armee und arbeitete später am Hof von Karl Theodor von Bayern. Mit Unterstützung des Kurfürsten studierte Gruithuisen sowohl Medizin als auch Naturwissenschaften. Als Mediziner sann er unter anderem darüber nach, wie sich Nieren- und Harnsteine auflösen lassen oder welche Empfindungen es in den Körpern Hingerichteter gibt.

Ein Arzt untersucht den Mond

Gruithuisens naturwissenschaftliches Interesse galt besonders der Geografie und Himmelskunde. Ab 1826 lehrte er als Professor in München Astronomie und befasste sich intensiv mit dem Mond. Verschiedene Quellen nennen ihn als den Ersten, der vermutete, dass die Mondkrater durch Einschläge kosmischer Körper entstanden seien – eine heute als richtig anerkannte Hypothese, die Gruithuisens Fachkollegen damals jedoch ablehnten. Bei der Untersuchung des Mondes verließ er sich nicht nur auf einen guten Fraunhofer-Refraktor, sondern auch auf seine lebhafte Fantasie. Die Ergebnisse und Interpretationen seiner Beobachtungen fasste Gruithuisen in einem Buch zusammen. Es erschien im Jahr 1824 unter dem Titel „Entdeckung vieler deutlicher Spuren der Mondbewohner, besonders eines colossalen Kunstgebäudes derselben". Darin stellt der Autor einleitend fest: „Es gehört mit zu den dringendsten Aufgaben der Naturforscher, zu bestimmen, welche Höhe die Organisation auf dem Monde bereits erreicht habe."

Gruithuisen berichtet nun, erstmals am 12. Juli 1822 einen „unsern Städten nicht unähnlichen Bau" gesehen zu haben, „als kurz nach dem letzten Viertel die Lichtgränze über den westlichen Rand des Clavius, des Mondflecken Schröters und des Newton … gieng". Und voller Überzeugung stellt er fest: „Dieses ungewöhnliche Mondgebilde fällt jedem geübten Auge, mit dem ersten Blicke sogleich, als Kunstwerk auf." Seine visuellen Eindrücke skizzierte er am Okular und veröffentlichte sie ebenfalls in dieser Arbeit (siehe Bild S. 17 links).

Wenn Sie selbst einmal versuchen, Gruithuisens Zeichnung mit dem Anblick im eigenen Teleskop zu vergleichen, werden Sie feststellen, dass es keineswegs einfach ist, die Formation zu sehen. Als Aufsuchhilfe kann der erwähnte „Mondflecken Schröters“ dienen, in den die Formation eingebettet ist. Das relativ dunkle Gebiet befindet sich nahe der Mitte der Mondscheibe, westlich des Kraterpaars Murchison/Pallas. Innerhalb des Fleckens sehen Sie auch recht einfach den Krater Schröter W, der Gruithuisens Formation nach Süden begrenzt. Bei niedrigem Sonnenstand, um das erste und letzte Viertel herum, hebt sich das Detail als annähernd rautenförmiges Gebiet von der Umgebung ab. Aber selbst dann erfordert es noch einige Mühe, sich dieses Gebilde als „Erzeugniß eines selenitischen Fleißes“ vorzustellen, wie Gruithuisen es formulierte.

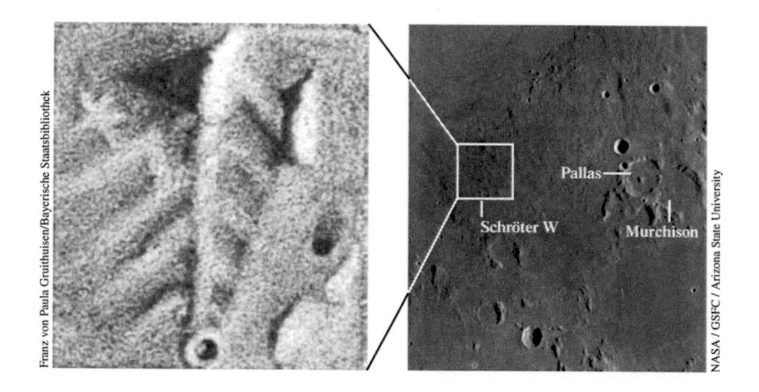

Mit einer Skizze versuchte Gruithuisen seine Entdeckung eines künstlichen Gebildes auf dem Mond zu belegen (links). Die kontrastverstärkte Aufnahme des Lunar Reconnaissance Orbiter zeigt an dieser Stelle eine zerklüftet e Landschaft

An anderer Stelle verewigt

International ist die Formation heute auch als „Gruithuisens Mondstadt“ (englisch: Gruithuisen's lunar city) bekannt. In modernen Verzeichnissen von Mondformationen werden Sie allerdings vergeblich nach ihr suchen. Dennoch gibt es auf dem Mond so etwas wie einen Ort des offiziellen Gedenkens an den astronomisch bewanderten Arzt: Mehrere nach ihm benannte Formationen finden sich „links oben“ auf der Mondscheibe, unweit der Mitte zwischen dem hellen Krater Aristarch und der auffälligen Regenbogenbucht (Sinus Iridum) – im lunaren Koordinatennnetz bei rund 33° nördlicher Breite und 40° westlicher Länge. Hier gibt es den rund 16 km großen und 1900 m tiefen Krater Gruithuisen mit seinen zehn Nebenkratern Gruithuisen B bis S.

Bei flachem Lichteinfall sehen Sie außerdem die beiden Berge Gruithuisen Delta und Gruithuisen Gamma, die ebenfalls einen Blick durch das Teleskop wert sind. Sie entstanden vor mehreren Milliarden Jahren durch silikatreiches Magma, das zähflüssig zur Oberfläche aufstieg und dort erkaltete. Am eindrucksvollsten erscheinen die Krater und Berge etwa drei Tage nach dem ersten Viertel und zwei Tage nach dem letzten Viertel – dann, wenn das „colossale Kunstgebäude", das Gruithuisen voller Stolz beschrieb, mangels Kontrast oder Helligkeit unsichtbar bleibt.

MARTIN J. NEUMANN

Aristarch und die Kobra

Klaus-Peter Schröder

Kurzzeitige Veränderungen auf dem Mond werden seit Jahrzehnten kontrovers diskutiert. Vor allem in der selenologisch relativ jungen und unlängst noch vulkanisch aktiven Region um den Krater Aristarch und das benachbarte Schrötertal, auch Kobra genannt, meinen Mondbeobachter Leuchterscheinungen gesehen zu haben – Illusion oder Sensation?

Seit mindestens sieben Jahrzehnten sorgen sie unter Beobachtern für heiße Debatten, die so genannten Transient Lunar Phenomena (TLP) – sinngemäß übersetzt: kurzzeitige Mondphänomene. Hierunter versteht man Lichtblitze, vorübergehende Verfärbungen oder Aufhellungen eng begrenzter Gebiete auf dem Erdtrabanten. Aber die Vermutung, dass es auf dem Mond reale Veränderungen geben könnte, die sich nicht durch unterschiedliche Einstrahlungen von Sonnenlicht erklären lassen, ist erheblich älter. Beispielsweise berichtete der Astronom William Herschel, der in den Diensten des englischen Königs befand als Royal Astronomer wirkte, in der Nacht vom 18. auf den 19. April 1787 in der Nähe des Kraters Aristarch „glühende Stellen, wie dünn mit Asche bedeckte Holzkohle", gesehen zu haben.

Gegen eine Täuschung spricht, dass Herschel einer der erfahrensten Beobachter aller Zeiten ist, der durch die systematische Himmelsbeobachtung zahlreiche grundlegende Beiträge zur Astronomie geleistet hat. Heute sind noch zahlreiche weitere TLP-Ereignisse auf der uns zugewandten

K.-P. Schröder (✉)
Professor für Astrophysik an der Universität Guanajuato in Zentralmexiko, Guanajuato, Mexico

K. Urban (Hrsg.), *Der Mond*, https://doi.org/10.1007/978-3-662-60282-9_3

Seite des Mondes bekannt, von denen sich allein rund die Hälfte auf die Aristarch-Region beziehen. Doch einige besonders detaillierte Berichte, die uns in das Jahr 1963 zurückführen, sorgen bis heute für Diskussionen.

Rötliches Leuchten bei Aristarch?

Nach der öffentlichen Ansage des US-Präsidenten John F. Kennedy am 25. Mai 1961, noch im selben Jahrzehnt eine bemannte Mondlandung durchzuführen, geriet der Erdtrabant verstärkt in den Fokus des astronomischen Interesses. Die US-Luftwaffe startete ein umfassendes Kartierungsprogramm, das sich auch des ausgezeichneten Refraktors am Lowell Observatory in Flagstaff, Arizona, bediente. Mit diesem im Jahr 1896 fertiggestellten großen Linsenteleskop hatte einst der wohlhabende Amateurastronom Percival Lowell seine umstrittenen Studien der Marskanäle durchgeführt. Dank des großen Objektivdurchmessers von rund 60 Zentimetern galt dieser Refraktor als besonders leistungsfähig.

Im Vorfeld der Apollo-Missionen sollten erfahrene visuelle Beobachter nun die Genauigkeit der Mondkartierung verbessern. Bis dahin hatte man sich dafür auf Fotografien gestützt, die infolge der Luftunruhe etwas verwaschen waren. Die Beobachter sollten feine, in Momenten ruhiger Luft von einem aufmerksamen menschlichen Auge wahrnehmbare Details in Zeichnungen festhalten. In Nächten mit besten Bedingungen dokumentierten die Astronomen Einzelheiten von nur 200 m Durchmesser auf der Mondoberfläche, wobei sie auch verschieden hohe Sonnenstände mit einbezogen. Dieses Projekt sollte dem Apollo-Programm der NASA helfen, geeignete Landeplätze auf dem Mond zu finden: ebene, aber zugleich selenologisch interessante Gebiete.

In der Nacht vom 29. auf den 30. Oktober 1963 waren James C. Greenacre und Edward M. Barr für das Kartografierungsprogramm am Lowell Observatory tätig und beobachteten den nahezu vollen Mond (O'Connell und Cook 1963). Die Region um Aristarchus war deshalb bei relativ hohem Sonnenstand gut beleuchtet. Hier finden sich besonders detailreiche Spuren von früherem Vulkanismus: Das gewundene Schrötertal (lateinisch: Vallis Schroeterii), das wegen seiner eigentümlichen Form auch Kobra genannt wird, verrät einen Ausfluss aus einem kleinen Berg etwas nordöstlich von Aristarchus. Genau genommen eignet sich die abnehmende Mondphase zur Beobachtung dieses Gebiets am besten, weil sich dann Berge, Täler und Kraterwände durch ihren Schattenwurf besonders kontrastreich von der Umgebung abheben.

Am frühen Abend des 29. Oktober 1963, gegen 18:50 Uhr Ortszeit (1:50 Uhr UT am 30. Oktober), erwartete die Beobachter eine besondere Überraschung: Mit Erstaunen bemerkten sie rötlich leuchtende Flecken im Hochland um Aristarch. Nur genau 48 s zuvor – in Arizona war es der Abend des 28. Oktober 1963 – wurde auf der Sonne der wohl stärkste Strahlungsausbruch des damals auslaufenden Aktivitätszyklus registriert. In den nachfolgenden drei Tagen kam es in demselben solaren Aktivitätsgebiet zu weiteren, ebenfalls kräftigen Ausbrüchen. Die ausgestoßenen Plasmawolken und die damit verbundene Stoßfront aus Protonen erreichten also gerade Erde und Mond, als die Ereignisse bei Aristarch beobachtet wurden – Zufall?

Ein Internet für eine weltweite schnelle Kommunikation existierte damals, vor 55 Jahren, noch nicht – nicht einmal in den kühnsten Träumen. So ahnte der Astronom Zdeněk Kopal nichts von den TLP-Sichtungen seiner Kollegen am Lowell Observatory als er am großen Refraktor des Observatoriums auf dem Pic du Midi in den französischen Pyrenäen geplante fotografische Messungen der Mondlumineszenz durchführte. Und ausgerechnet am 30. Oktober 1963 versperrten Wolken den Blick auf den Erdtrabanten – aber nur zwei Nächte später, am 1. November, wurde Kopal ebenfalls Zeuge lokaler Helligkeitsanomalien. Sie waren nicht von so dramatischer Art wie die zuvor in Arizona beobachteten Ereignisse, doch immerhin ließen sie sich mittels Schmalbandfotografie auf densitometrisch geeichten Fotoplatten nachweisen.

Gingen die ungewöhnlichen Beobachtungen zwei Nächte zuvor wirklich auf dasselbe Phänomen zurück? Oder sollten sich die TLP nur als Trugbild, als optische Illusion, erweisen? Über diese Fragen entbrannte eine hitzige Diskussion, die in der Folge jahrzehntelang andauerte. Ein gewichtiges Argument gegen eine Täuschung: Greenacre und Barr waren sehr erfahrene, skeptische Beobachter, die atmosphärische und instrumentelle Einflüsse auf die Farbwahrnehmung gut kannten. Zudem ist der genutzte Refraktor eines der weltweit besten Teleskope für die visuelle Planeten- und Mondbeobachtung. Wenn also TLP der geschilderten Art wahrscheinlich keine Illusion sind: Was sind sie dann, und wie entstehen sie?

Ein spannender Erklärungsansatz: Materieauswürfe der Sonne

In einem bemerkenswerten Aufsatz von Zdeněk Kopal, der (1966) im Märzheft von „Sterne und Weltraum" erschien, findet sich eine ebenso einleuchtende wie spannende Erklärung. In der gleichen Nacht, in der

Greenacre und Barr Veränderungen in der Aristarch-Region sahen, wurde auch eine starke Polarlichtaktivität bis nach Italien registriert: Anzeichen eines ungewöhnlich starken geomagnetischen Sturms, dem ein koronaler Materieauswurf vorausgegangen sein musste, bei dem energiereiche elektrisch geladene Partikel freigesetzt wurden. Gleiches gilt interessanterweise auch für die eingangs zitierte historische Beobachtung durch William Herschel im Jahr 1787.

Kann solch ein außergewöhnlich seltenes Zusammentreffen gleich zweimal stattfinden? Zwar sind zwei Jahrhunderte eine lange Zeit, aber wirklich weit nach Süden reichende Polarlichterscheinungen gibt es vielleicht einmal innerhalb von mehreren Jahren, und von TLPs gibt es noch viel weniger glaubwürdige Beobachtungen. Es müssten also viele tausend Jahre vergehen, bis sich auch nur ein solches Zusammentreffen zufällig ereignet. Also besteht hier ein ursächlicher Zusammenhang, argumentierte Kopal.

Eine starke, auf die Erde gerichtete Sonneneruption etwa 24 bis 48 s vor der Sichtung eines TLP entspricht genau der Vorlaufzeit für die Entstehung eines Polarlichts. Daraus folgert Kopal, dass es sich bei TLP um die Auswirkung des Partikelstroms handeln muss. Strahlungsausbrüche (englisch: Flares), die hohe Energien in Form von Röntgenstrahlung freisetzen, kommen hier nicht als Ursache in Betracht, da sie sich mit Lichtgeschwindigkeit ausbreiten. Dementsprechend müssten sich die Auswirkungen schon acht Minuten nach dem Ausbruch auf Erde und Mond nachweisen lassen. Sofern es zur gleichen Zeit auch Ausgasungen über vulkanisch noch nicht völlig toten Regionen des Mondes gibt, wie einige Forscher sie in der Umgebung von Aristarch vermuten, so könnten diese normalerweise unsichtbaren, sehr dünnen Gaswolken durch die Kollision mit der Stoßfront des hochenergetischen Protonenstroms zum beobachteten Leuchten angeregt werden.

Leider konnten im Jahr 1963 keine Spektren des TLP erstellt werden, mit deren Hilfe man die Natur dieses Leuchtens nicht nur nachweisen, sondern auch genau analysieren könnte. So wäre es hochinteressant gewesen zu sehen, ob die rötliche Färbung durch Gasemissionslinien zustande kam. Aus den Spektren könnten Astrophysiker auf die Zusammensetzung, Temperatur und Dichte eines Gases schließen. Davon sind wir bei den TLP jedoch weit entfernt: Selbst unmittelbar vor unserer kosmischen Haustür bleiben der Wissenschaft noch viele Fragen zu klären.

Veränderungen nachweisen: Wie und wann?

Trifft Kopals Erklärungsmodell zu, dann können aufmerksame Leser selbst versuchen, zur richtigen Zeit ein TLP nachzuweisen, denn die modernen digitalen Fotoausrüstungen von Amateurastronomen sind dem professionellen technischen Standard zu Kopals Zeiten weit überlegen. Zunächst müssen wir aber die Aktivität der Sonne ständig im Auge behalten, also beispielsweise regelmäßig die Nachrichten des Solar Influence Data Centre (SIDC, www.sidc.oma.be) oder der NASA unter www.spaceweather.com verfolgen.

Zwar dürfen wir jetzt, nahe dem Aktivitätsminimum, nur noch selten größere koronale Materieauswürfe erwarten – aber dafür ist der Raum zwischen der Sonne und unserer Erde derzeit nicht von komplexen Magnetfeldern versperrt, sondern für Partikelströme offen. Nach einem zur Erde gerichteten Auswurf kann sich die Plasmawolke mit ihrer Protonenstoßfront somit ungestört auf uns zubewegen. Eine ungewöhnlich starke Polarlichtaktivität und ein geomagnetischer Sturm sind nur allzu gut bekannte Folgen. Raumfahrtorganisationen wie ESA und NASA müssen dann gefährdete Satelliten vorübergehend abschalten. Zugleich dürfte nun aber die Chance, ein TLP nachzuweisen, besonders groß sein (Hunnekuhl 2014).

Wenn nicht jetzt, im auslaufenden Aktivitätszyklus der Sonne, dann spätestens in etwa drei Jahren, wenn der neue Zyklus beginnt, wird es demnach passende Gelegenheiten geben. Dies belegen außergewöhnliche Vorkommen des Isotops Beryllium-10, das bei besonders starken Polarlichtern in der Strato sphäre entsteht und sich im Eis von Grönland oder der Antarktis ablagert. Die Eisproben lassen sich wegen ihrer jahreszeitlichen Schichtungen recht gut datieren. Entsprechende Untersuchungen zeigen die größten Häufungen des Isotops erstaunlicherweise nicht zu Zeiten solarer Aktivitätsmaxima, sondern während moderater oder geringer Sonnenaktivität – so, wie es auch im Oktober 1963 der Fall war.

Die häufigen Eruptionen bei maximaler Sonnenaktivität werden offenbar in der dann magnetisch geschlossenen Korona und in der Sonnenumgebung stark abgebremst, so dass ihre Protonenstoßfront gar nicht bis zur Erde vordringen kann. Breitet sich ein Flare jedoch in Zeiten geringer Aktivität in Richtung des Erde-Mond-Systems aus, erleben wir dank des magnetisch offenen interplanetaren Raums einen ungebremsten Volltreffer. Und dann ist auch die Chance, einen TLP zu fotografieren, besonders groß – jedoch nur, sofern der Sonnensturm mit einer Ausgasung an der Mondoberfläche zusammenfällt.

Literatur

Hunnekuhl, M.: Wie der Sonnenwind weht. Teil 1: Der solare Ursprung magnetischer Stürme. In: Sterne und Weltraum 2/2014, S. 72–82; Teil 2: Geomagnetische Stürme und Polarlichter. In: Sterne und Weltraum 3/2014, S. 70–79

Kopal, Z.: Lumineszenz an der Mondoberfläche. In: Sterne und Weltraum 3/1966, S. 56–61

Küvelcr, G., Klemm, R.: Sternwarte Passau photographierte rätselhafte Lichtfontäne im Aristarch-Gebiet. In: Sterne und Weltraum 8–9/1972, S. 238–239

O'Connell, R., Cook, A.: Revisiting the 1963 „Aristarchus Events“. In: Journal of the British Astronomical Association 123, S. 197–208, 2013

Klaus-Peter Schröder ist Professor für Astrophysik an der Universität Guanajuato in Zentralmexiko. Als Student beobachtete er über viele Jahre hinweg regelmäßig mit dem eigenen Teleskop; heute sind die stellare und solare Aktivität seine Forschungsschwerpunkte.

Das Supermond-Phänomen

Wie ein Begriff den Blick auf das Faszinierende verstellt

Uwe Reichert

Am 14. November 2016 war Vollmond. Nicht irgendeiner, sondern ein „Supermond". Das meinten zumindest viele Medien. Und suggerierten der Öffentlichkeit, ein riesiger Erdtrabant stünde am Himmel, wie es nur alle Jubeljahre vorkäme. Eine Betrachtung der himmelsmechanischen Grundlagen zeigt den wahren Sachverhalt: Der scheinbare Durchmesser des Mondes variiert – in ganz unspektakulärem Maße

In Kürze

- Ein relativ neues Phänomen geistert durch die Medien: der „Supermond", ein angeblich außergewöhnlich großer Vollmond.
- Hintergrund ist die elliptische Umlaufbahn des Mondes um die Erde, wodurch der scheinbare Durchmesser des Mondes um etwa 14 % variiert.
- Dieser Unterschied ist nahezu unmerklich für Beobachter mit bloßem Auge. Erst Fotos offenbaren die Schwankungen des Vollmond-Durchmessers.

U. Reichert (✉)
Astrophysiker und ehemailiger Chefredakteur von „Sterne und Weltraum", Heidelberg, Deutschland

K. Urban (Hrsg.), *Der Mond*, https://doi.org/10.1007/978-3-662-60282-9_4

Wie klein der Vollmond auch in Horizontnähe ist, demonstriert hier der ESA-Astronaut Luca Parmitano am 14. November 2016 in der baumlosen Steppe von Kasachstan.

Luca Parmitano

Welchen Gegenstand müssen Sie zwischen Daumen und Zeigefinger nehmen, um damit bei ausgestrecktem Arm die Scheibe des Vollmonds am Himmel zu verdecken: ein Zehn-Cent-Stück? Eine Ein-Euro-Münze? Oder einen noch größeren Gegenstand?

Tatsächlich reicht bereits eine Erbse, um in dieser Geometrie den Vollmond vollständig zu verdecken. Wenn Ihnen diese Aussage merkwürdig vorkommt, probieren Sie es aus! Ein Selbstversuch ist schnell gemacht. Und ein Experiment ist immer die beste Methode, eine Behauptung zu überprüfen, anstatt sie unkritisch hinzunehmen.

Einige Tage vor dem 14. November 2016 häuften sich Meldungen in den Medien, der zu diesem Termin anstehende Vollmond sei ein ganz besonderer: ein so genannter Supermond, wie er nur selten vorkomme, weil sich der Erdtrabant „derzeit“ so nahe an der Erde befinde wie schon lange nicht mehr und deshalb besonders groß am Himmel erscheine. Lediglich der Vollmond vom 26. Januar 1948 sei uns noch näher gekommen, und das nächste Mal, dass er uns noch näher stünde, werde erst am 25. November 2034 sein.

Dem Wortsinne nach sind diese Aussagen richtig. Doch sie suggerierten, dass man den Größenunterschied deutlich erkennen könne. Und das ist falsch.

Befestigen Sie mal eine Ein-Euro-Münze an einer weißen und ansonsten leeren Wand und betrachten Sie sie aus einer Entfernung von 2,70 m. Dann tauschen Sie das Geldstück gegen eine Zwei-EuroMünze aus und betrachten sie aus dem gleichen Abstand. Bemerken Sie den Größenunterschied? Wenn sich beide Münzen nebeneinander befinden, vielleicht. Aber nacheinander, ohne direkten Größenvergleich? Genauso wenig augenfällig sind die Größenunterschiede, die der Vollmond am Himmel zeigt.

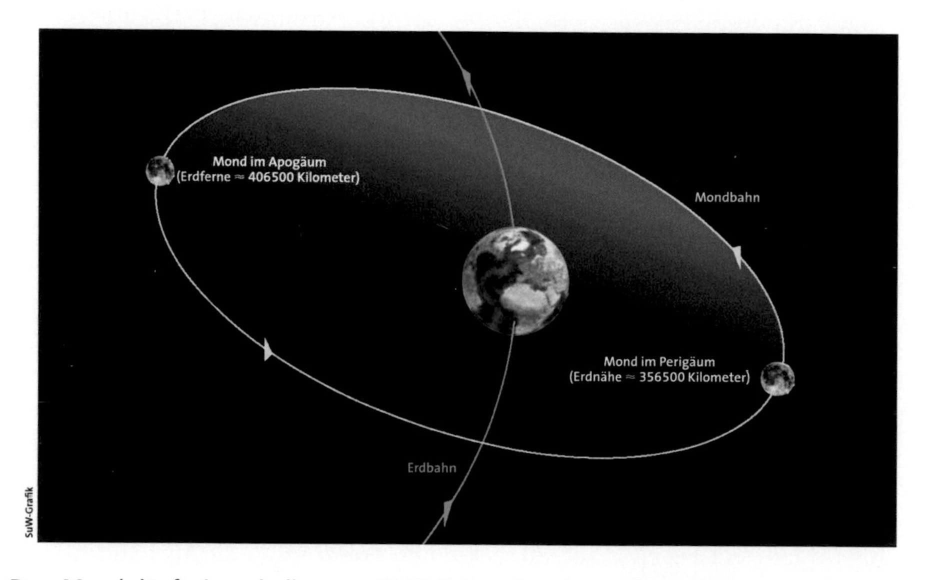

Der Mond läuft innerhalb von 27,55 Tagen in einer Ellipsenbahn um die Erde (genauer: um das Baryzentrum, den gemeinsamen Schwerpunkt des Systems Erde-Mond). Deshalb variiert der Abstand des Mondes von der Erde zwischen zwei Extremwerten: dem Perigäum (dem erdnächsten Punkt auf der elliptischen Umlaufbahn) und dem Apogäum (dem erdfernsten Punkt auf der Umlaufbahn)

Die Umlaufbahn des Mondes

Schauen wir uns die astronomischen Grundlagen an: Wäre die Bahn des Mondes um die Erde ein Kreis, bliebe der Abstand zwischen beiden Körpern konstant. Da die Mondbahn aber ellipsenförmig ist, gibt es einen erdnächsten Punkt der Bahn (das Perigäum) und einen erdfernsten Punkt der Bahn (das Apogäum; siehe Bild auf S. 27). Zudem zerren die Sonne und die Planeten mit ihren Anziehungskräften an den beiden Himmelskörpern, wodurch die Bahnellipse des Mondes ihre Form und ihre Lage im Raum in komplexer Weise ändert. Als Folge dieser Störungen bleiben die Perigäums- und Apogäumsabstände nicht gleich, sondern schwanken um einen gewissen Betrag. Die Extremwerte liegen bei etwa 356.500 km für das Perigäum und bei 406.500 km für das Apogäum, jeweils bezogen auf die Mittelpunkte der beiden Himmelskörper (siehe Bild). Der Abstand des Mondes zur Erde schwankt also um etwa 14 %. Im gleichen Maß ändert sich der scheinbare Durchmesser des Mondes, nämlich von 33,5 Bogenminuten im Perigäum bis zu 29,4 Bogenminuten im Apogäum (siehe Bild).

Immer dann, wenn die die Verbindungslinie zwischen Perigäum und Apogäum in Richtung zur Sonne zeigt, wird der Perigäumsabstand besonders klein und der Apogäumsabstand besonders groß. Die Bahnellipse ist dann sozusagen noch exzentrischer als sonst. Weniger extrem sind die entsprechenden Abstände, wenn die große Halbachse genau senkrecht zui Sonnenrichtung steht; die Bahnellipse isi dann weniger exzentrisch.

Diesem Effekt überlagern sich noch weitere. So ist die Bahn der Erde um die Sonne ebenfalls eine Ellipse; und wenn die Erde ihrerseits in der Nähe ihres sonnen nächsten Bahnpunkts steht, ist auch de Einfluss der Anziehungskraft der Sonne auf die Ellipsenbahn des Mondes besonders groß. Deshalb sind die Veränderun gen der Mondbahn nicht immer gleich sondern sie sind langfristigen Schwan kungen unterworfen.

Deshalb ist es nicht möglich, die er reichbaren Extremwerte für den Perigä ums- und den Apogäumsabstand anzu geben. Vielmehr lässt sich nur sagen: Je extremer ein Wert ist, desto seltener tritt er auf. Zu jedem realisierten minimalen und maximalen Abstand lässt sich – und wenn es in einigen tausend Jahren ist – ein noch etwas kleinerer oder größerer Ab stand finden.

Die bisherige Betrachtung bezog sich rein auf die Form der Mondbahn, die unser Trabant innerhalb von 27,55 Tagen durchläuft. Diese Bahnperiode (auch anomalistischer Monat genannt) ist die Zeitdauer zwischen zwei Durchgängen des Mondes durch das Perigäum oder das Apogäum seiner Bahn. Für die Zeitspanne zwischen zwei gleichen Mondphasen – zum Beispiel von einem Neumond zum nächsten – ist der synodische Monat maßgebend. Er ist mit etwa 29,53 Tagen länger als der anomalistische Monat. Denn um die gleiche Mondphase zu erreichen, muss der Mond nicht nur einmal seine Bahnellipse durchlaufen haben, sondern er muss zusätzlich noch ein Stück weiter um die Erde herum, damit er bezogen auf die Sonne wieder die gleiche Stellung einnehmen kann. Der synodische Monat ist freilich nur ein Mittelwert: Die genaue Zeitdauer von einem Neumond zum nächsten – auch Lunation genannt – kann sich im Lauf mancher Jahre um mehr als 13 h unterscheiden.

Wegen der unterschiedlichen Längen von anomalistischem und synodischem Monat ereignet sich ein Vollmond nicht immer am gleichen Punkt der Mondbahn. Infolgedessen werden die zwölf oder dreizehn Vollmonde, die in einem Kalenderjahr auftreten, unterschiedliche Entfernungen zum Erdmittelpunkt und unterschiedliche scheinbare Durchmesser für den Beobachter auf der Erdoberfläche haben. Extremwerte werden regelmäßig erreicht, wenn die Zeiten von Vollmond und Perigäum beziehungsweise Apogäum nahe zusammenfallen. Denn dann ist auf Grund der Anziehungskraft der Sonne die Exzentrizität der Mondbahn besonders groß.

Der Vollmond vom 14. November 2016 ereignete sich exakt um 14.52 Uhr MEZ. Nur 2,5 h zuvor hatte er sein Perigäum in einem Abstand von 356.509 km zum Mittelpunkt der Erde durchlaufen. Zum Vollmondtermin hatte er sich nur wenig weiter von der Erde entfernt, nämlich auf 356.523 km. Sein scheinbarer Durchmesser betrug dann 33,52 Bogenminuten.

Fragt man sich, wann uns ein Vollmond noch näher stehen wird, kommt man tatsächlich auf den 25. November 2034, wie in den Medien angegeben. Der Abstand wird dann 356.488 km, sein scheinbarer Durchmesser ebenfalls 33,52 Bogenminuten betragen. In den Meldungen der Medien fehlte ein wichtiger Hinweis: Bis 2034 wird es viele Vollmonde geben, die diesen Extremwert nur knapp verfehlen und deshalb ebenso groß am Himmel erscheinen. So nimmt bereits der Vollmond vom 2. Februar 2018 einen scheinbaren Durchmesser von 33,51 Bogenminuten ein, weil sein Abstand nur 356.604 km beträgt. Und der größte Vollmond des Jahres 2017 (am 3. Dezember) wird durchaus beachtliche 33,38 Bogenminuten groß sein.

Selbst der Vollmond vom 14. Dezember 2016 braucht sich nicht zu verstecken. Er ist mit 359.454 km zwar rund 3000 km weiter entfernt als der Rekordhalter vom Vormonat, erreicht aber einen scheinbaren Durchmesser von 33,24 Bogenminuten.

Warum also überhaupt der Hype um einen angeblichen Supermond? Der US-Amerikaner Richard Nolle beansprucht für sich, den Begriff im Jahr 1979 eingeführt zu haben. Seine Berufsbezeichnung gibt er mit „Certified Professional Astrologer" an. Nolle versuchte, die erdnahen Stellungen des Mondes mit dem Auftreten von Erdbeben und Vulkanausbrüchen in Verbindung zu bringen. Er zog eine willkürliche Grenze, die einem Abstand von 367.610 km entspricht und bezeichnete alle Vollmonde, bei denen der Erdtrabant uns näher ist, als Supermond.

Diese griffige Bezeichnung wurde in der Folge von Medien und auch Öffentlichkeitsarbeitern aufgenommen. Astronomisch ist sie jedoch völlig irrelevant. Und auch für die Popularisierung der Astronomie erweist sie sich als eher schädlich, weil die Diskussion um den Supermond eher das Streben nach Rekorden im Blick hat. Als Maßstab gelten dabei Veränderungen im Bereich von wenigen Kilometern beziehungsweise Hundertstel Bogenminuten. Dabei gerät das Wesentliche außer Acht, dass nämlich der Mond und sein beständig wechselndes Erscheinungsbild an sich ein faszinierendes Phänomen ist.

Die Entfernungen aller Vollmonde von der Erde von 2004 bis 2023 schwanken in einem weiten Bereich. Extremwerte werden erreicht, wenn der Zeitpunkt des Vollmonds mit einem Perigäums- oder Apogäumsdurchgang zusammenfällt. Auch die Extremwerte schwanken auf Grund von Störungen durch Sonne und Planeten.

Stellen Sie sich folgende Situation vor: Sie sitzen mit Freunden bei ihrem Lieblingsitaliener und haben Pizza bestellt. Die Durchmesser der einzelnen Fladenbrote messen Sie nach und finden, dass die größte einen Durchmesser von 33,52 Zentimetern hat, eine andere aber vielleicht nur 33,48 Zentimeter. Würden Sie über diesen Unterschied diskutieren wollen? Viel angenehmer wäre es doch, den Geschmack der Pizzen zu genießen!

Anblick des Mondes über einen Zeitraum von 29 Tagen: goo.gl/TTfNKw

Ergänzende Literatur

Feitzinger, J. V.: Die Mondillusion und der gestauchte Himmel. In Sterne und Weltraum 11/1996, S. 835–837

Hoeppe, G.: Die Mondillusion. In Sterne und Weltraum 2/2004, S. 46–47

Ross, H. E., Plug, C.: Moon Illusion. Oxford University Press. Oxford, New York, 2002

Uwe Reichert ist Astrophysiker und ehemaliger Chefredakteur von „Sterne und Weltraum“.

Lichtblitze auf dem Mond

Bernd Gährken

Einschläge kosmischer Gesteinsbrocken auf dem Mond verursachen Lichtblitze, die sich von der Erde aus nachweisen lassen. Amateurastronomen und Forscher nutzen hierfür moderne Videokameras. Immer wieder bietet sich eine günstige Gelegenheit, um einen eigenen Versuch zu wagen: der Meteorstrom der Perseiden, der alljährlich in den Tagen um den 12. August seine größte Aktivität entfaltet

Die von unzähligen Kratern zernarbte Oberfläche unseres Mondes zeugt von einem heftigen Bombardement, dem der Erdtrabant vor mehreren Milliarden Jahren ausgesetzt war. Dabei entstanden zahlreiche große Krater, die seither neben den dunklen Maregebieten den Anblick unseres kosmischen Nachbarn bestimmen. Noch heute gibt es – wenngleich in viel geringerem Ausmaß – einen ständigen Zustrom von Gesteinsbrocken. Da der Mond keine dichte Atmosphäre besitzt, treffen sie seine Oberfläche völlig ungebremst. Die dabei als Wärme und Licht freigesetzte Energie hängt von der Masse und Geschwindigkeit des einschlagenden Himmelskörpers ab. Sie reicht häufig aus, um Leuchterscheinungen auszulösen, die von der Erde aus sichtbar sind. Die beobachtete Helligkeit lässt auf die Zerstörungskraft eines solchen Ereignisses schließen.

B. Gährken (✉)
Volkssternwarten in München und Paderborn und Fachgruppe Astrofotografie der Vereinigung der Sternfreunde e. V., München, Deutschland

K. Urban (Hrsg.), *Der Mond*, https://doi.org/10.1007/978-3-662-60282-9_5

Die Impakte lassen sich auf der dunklen Seite der Mondoberfläche nachweisen, beispielsweise in der Zeit zwischen Neumond und dem ersten Viertel. Beim Auftreffen entstehen Lichtblitze, deren systematische Beobachtung sich dazu eignet, die Verteilung kleinerer und mittlerer Meteoroide im Erde-Mond-System zu erfassen, die Satelliten und Raumstationen gefährlich werden könnten. Mit modernen Videokameras gelang es Forschern und Amateurastronomen, eine Reihe von Impakten im Bild festzuhalten.

Auch Sie können solche Ereignisse mit Ihrem Teleskop verfolgen. Vor allem während eines Meteorstroms ist die Einfallsrate kosmischer Partikel erhöht: Sie treffen dann nicht nur die Erde, sondern auch den Mond.

Leonidenstürme brachten erste Erfolge

Die ersten fünf Einschläge auf dem Mond wurden während des starken Leonidenstroms 1999 nachgewiesen, als auf der Erde bis zu 3000 Meteore pro Stunde sichtbar waren. Damals ließ sich immerhin ein Impakt pro Stunde registrieren. Bei der nächsten Gelegenheit, im Jahr 2000, stand der Vollmond auf der Sichtlinie zum Radianten, so dass alle Impakte auf der Mondrückseite stattfanden. Erst im Jahr 2001 war die Geometrie wieder günstig, so dass die Beobachter bei vergleichbarer Sturmstärke fünf weitere Ereignisse aufzeichneten. Die Forschung interessierte sich besonders für den Vergleich der Fallraten auf dem Mond und der Erde. Eine Feuerkugel mit einer Helligkeit von –10 mag in der Erdatmosphäre sollte einem 3 mag hellen Einschlag auf dem Mond entsprechen. Während sich die Helligkeiten von Feuerkugeln in der Erdatmosphäre nur schwer schätzen lassen, sind sie bei Mondimpakten gut messbar.

Die damals veröffentlichten Berichte zeigten, dass die Rate der Einschläge etwas unterhalb des erwarteten Werts lag. Es gab also weiteren Forschungsbedarf, und in der Folgezeit griffen mehrere Arbeitsgruppen das Thema auf. Im Jahr 2000 startete die Association of Lunar and Planetary Observers (ALPO) ein erstes Programm zur regelmäßigen Beobachtung. Weitere Projekte gab es von der International Occultation Timing Association (IOTA) und der British Astronomical Association (BAA). Ab dem Jahr 2005 begann auch das Marshall Space Flight Center (MSFC) der US-Raumfahrtbehörde

NASA mit regelmäßigen Messungen und widmete den Impakten eine eigene Website.

Die Zeit der Leonidenstürme war nach dem Jahr 2002 vorbei, weshalb normale Meteorströme sowie sporadische Sternschnuppen zunehmend in den Fokus der Forschung gerieten. Alle Projekte bemühten sich von Anfang an darum auch Amateurastronomen für ihre Ziele zu begeistern. Denn je größer die Zahl de Beobachter ist, desto größer ist auch die Chance, einen der viel selteneren sporadischen Impakte zu erwischen.

Ein ausdauerndes Hinsehen lohn sich: Erst kürzlich, am frühen Morgen des 17. Mai 2013 gegen 5:50 Uhr MESZ beobachteten Forscher der NASA einer Einschlag, der rund zehnmal heller als alle bislang bekannten Ereignisse dieser Art war. Der Impakt erzeugte einen 4 mag hellen Lichtblitz, der sogar mit dem bloßen Auge sichtbar gewesen wäre. In der gleichen Nacht erfassten Weitwinkeloptiken, mit denen die NASA den Himmel überwacht, ebenso wie Kameras der University of Western Ontario, eine ungewöhnliche Häufung heller Meteore, die tief in die Erdatmosphäre eindrangen. Die Rückberechnung ihrer Bahnen ergab, dass sie sich auf nahezu gleichen Wegen aus dem Asteroidengürtel der Erde angenähert hatten. Offenbar war das gesamte Erde-Mond-System gleichzeitig von diesem sporadischen Ereignis betroffen, dessen Ursache eine kosmische Trümmerwolke gewesen sein könnte.

Die Leuchterscheinungen der Impakte lassen sich nur auf der Nachtseite des Mondes nachweisen. Ideal ist die Zeit vor dem ersten Viertel und nach dem letzten Viertel. Der unbeleuchtete Mondabschnitt ist dann ausreichend groß, und die Sichel ist nicht so hell, dass sie die dunklen Partien überstrahlt. Ideal wäre es, die Beobachter so gleichmäßig um den Globus zu verteilen, dass der Mond permanent von mindestens zwei Stationen aus überwacht werden kann. Denn eine solche Doppelsichtung vermag eine Fehldetektion unzweifelhaft auszuschließen: Objekte in der Erdatmosphäre, Kameraartefakte oder blinkende Satellitenbruchstücke in einer Erdumlaufbahn wären nur von einem einzigen Standort aus vor der Mondscheibe sichtbar. Hingegen erscheint ein echter Mondimpakt von verschiedenen Beobachtungsorten aus an derselben Stelle auf der Mondoberfläche.

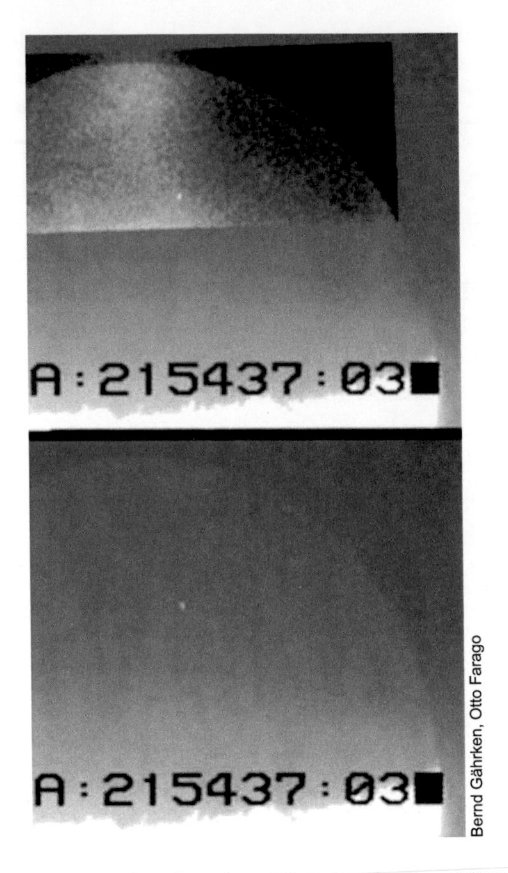

Während des Meteorstroms der Quadrantiden im Januar 2009 wurde ein solches Ereignis erstmals von Deutschland aus registriert: Durch zeitgleiche Videoaufnahmen hielten Bernd Gährken in Bayrischzell und Otto Farago in Stuttgart den Impakt im Bild fest. Die beiden Graustufenbilder zeigen ihn jeweils als kleinen Lichtpunkt

Mit Amateurteleskopen und Videokameras

Das Programm des MSFC läuft inzwischen kontinuierlich seit acht Jahren. Im Mittel wird in jedem Monat in etwa zehn Nächten beobachtet. Dabei werden Mondphasen mit Beleuchtungsanteilen von 10 bis 55 % routinemäßig abgedeckt. Der Erfolg blieb nicht aus: Bis zum Jahr 2013 registrierten die Forscher 294 Impaktkandidaten. Die dabei eingesetzte Ausrüstung ist auch bei manchen Amateurastronomen vorhanden. Ideal ist eine lichtstarke Optik mit geringer Brennweite, um einen möglichst großen Bereich auf dem Mond abzudecken. Das MSFC nutzt zwei Schmidt-Cassegrain-Teleskope mit 14 Zoll Öffnung, deren Brennweite mit einem Reducer auf *f/3,3* verringert wird.

Bei Brennweiten um 1,2 m können handelsübliche Videochips große Teile des Mondes erfassen. Sie arbeiten mit Raten von 50 oder 60 Einzelbildern pro Sekunde (englisch: frames per second, fps). Damit lassen sich die Impakte auf mehreren Frames ablichten und auf diese Weise zeitlich auflösen. Als ideal erwiesen sich Überwachungskameras mit hochempfindlichen rauscharmen Mikrolinsenchips. Im Amateurbereich sind diese Kameras unter den Markennamen Mintron und Watec weit verbreitet. Sie liefern ein analoges Signal, das sich mit einem Framegrabber in ein digitales Bild umwandeln lässt und dann mit einem Computer verarbeitet wird. Für PCs gibt es Framegrabber als passende Steckkarten. Jedoch sind auch externe Geräte erhältlich, so genannte Video-Konverter, die meist über USB-Anschluss verfügen.

Videokameras liefern bis zu 50 Halbbilder pro Sekunde. So entstehen innerhalb einer Nacht hunderttausende einzelner Aufnahmen. Um diese gewaltige Datenflut verwalten zu können, wird in das Videobild eine Uhr eingeblendet, die jede Aufnahme mit einam exakten Zeitstempel versieht(siehe Bilder S. 34). Die dazu verwendeten Timeinserter arbeiten mit einer Funkuhr, die eine zeitliche Auflösung von 0,01 s besitzt. Die notwendige Genauigkeit wird bei älteren Geräten durch die Abstimmung mit dem Funksignal von DCF 77 erreicht, eines in Mainflingen betriebenen Langwellensenders der Physikalisch-Technischen Bundesanstalt. Neuere Timeinserter arbeiten mit dem weltweit verfügbaren Zeitsignal des Global Positioning System (GPS) der NASA.

Außerhalb starker Meteorströme werden sporadische Ereignisse registriert. Irdische Beobachter sehen dann etwa sechs sporadische Meteore pro Stunde am Himmel und innerhalb von 24 s etwa einen sporadischen Impakt auf dem Mond. Bei Meteorstürmen ist die Aktivität jedoch erheblich größer: Die Perseiden können leicht 60 Meteore pro Stunde erreichen, die Geminiden sogar mehr als 120 Meteore pro Stunde. In diesen Fällen genügen oft schon zweieinhalb Stunden Beobachtungszeit, um ein Einschlagereignis auf dem Mond nachzuweisen.

Anlässlich der Quadrantiden 2009 unternahmen Otto Farago von der Volkssternwarte Stuttgart und Bernd Gährken von der Bayerischen Volkssternwarte München ihren ersten Versuch, einen Mondimpakt von Deutschland aus zu fotografieren. Die Quadrantiden sind ein Meteorstrom mit einem sehr spitzen Maximum, das nur wenige Stunden dauert, und die Fallraten sind stark variabel. Für den 3. Januar 2009 wurde ein besonders starkes Maximum vorhergesagt. Tatsächlich ergaben Messungen der International Meteor Organisation um die Mittagszeit eine auf den Zenit bezogene Rate (englisch: zenithal hourly rate, *ZHR*) von 146 Meteoren pro Stunde (siehe Diagramm).

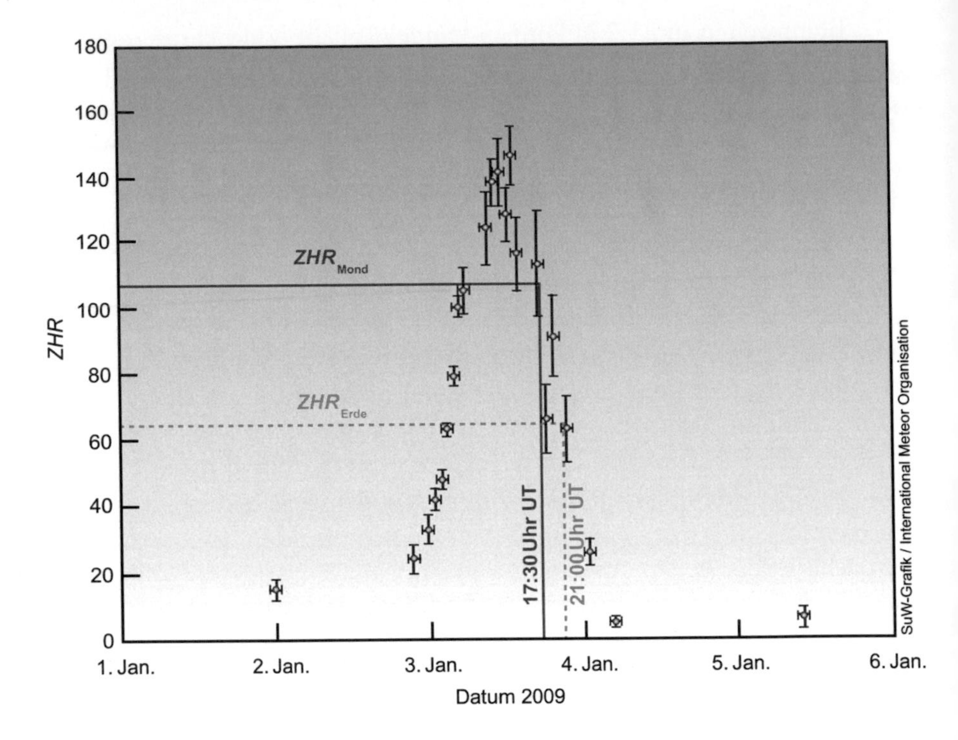

Die Datenpunkte zeigen den Verlauf der im Jahr 2009 auf der Erde beobachteten ZHR des Quadrantidenstroms. Am 3. Januar folgte der Mond der Erde auf ihrer Bahn um rund 3,5 s nach: Kurz vor 21 Uhr UT, als die Beobachter den Impakt registrierten, durchlief der Mond denjenigen Teil des Stroms, den die Erde bereits gegen 17:30 Uhr UT passiert hatte. Dementsprechend lag die ZHR auf dem Mond zur Zeit des Impakts höher als auf der Erde

Der Mond befand sich zu dieser Zeit im ersten Viertel. An dieser Position folgt er der Erde auf ihrer Bahn um die Sonne im Abstand von wenigen Stunden. Das Maximum der Quadrantiden sollte den Mond demnach am Nachmittag erreichen. In Stuttgart standen ein Vier-Zoll-Refraktor und eine daran angeschlossene Watec-Kamera bereit. In München war an diesem Abend Hochnebel zu erwarten. Deswegen verlagerte ich meinen Standort um 90 km in südöstlicher Richtung nach Bayrischzell, um auf 1200 m Höhe dem Dunst zu entgehen. Als mobiles Gerät nutzte ich ein Newton-Teleskop mit sechs Zoll Öffnung sowie eine Mintron-Kamera. Die Wetterbedingungen waren an beiden Standorten wechselhaft, doch gelang es, mehrere Stunden Videomaterial aufzuzeichnen. Die Auswertung war allerdings schwieriger als gedacht.

Aufwändige Suche nach Lichtblitzen

Die NASA bietet eine kostenlose Software für das Betriebssystem DOS im Internet an, die Videosequenzen automatisch durchsucht. Die erfolgreiche Anwendung des Programms erfordert allerdings Daten in professioneller Qualität – ohne wechselnde Mondpositionen, durchziehende Wolken und sich ändernde Helligkeiten. Unsere Daten vom 3. Januar 2009 entstanden leider mit schlecht abgestimmten Montierungen bei Wind und durchziehenden Wolken. Versuche, sie dem NASA-Format anzupassen, scheiterten kläglich. Die Kameras arbeiteten mit 50 Halbbildern pro Sekunde. Pro Stunde ergibt dies 90.000 Vollbilder, und wir mussten einige 100.000 Aufnahmen bewältigen.

Ohne eine technische Lösung blieb das Material fast zwei Jahre lang unangetastet. Statistische Überlegungen ergaben jedoch, dass die Daten sehr wahrscheinlich ein Impaktereignis enthalten mussten. Zudem meldeten US-amerikanische Beobachter in der gleichen Nacht eine weitere positive Sichtung – und dies bei geometrisch deutlich schlechteren Bedingungen.

Im Mai 2011 hatte sich noch immer keine brauchbare Auswertungssoftware gefunden, und so wurden die Videos noch einmal herausgesucht und per Hand ausgewertet. Die sehr mühsame Prozedur dauerte bei acht Stunden Arbeitszeit pro Tag mehrere Wochen. Doch die Quälerei war nicht umsonst: Tatsächlich fand sich ein sehr vielversprechender Kandidat! Er war auf dem Video aus Bayrischzell auf sieben Bildern mit jeweils $^{1}/_{50}$ s Belichtungszeit nachweisbar. Die Freude war groß, als sich dieser Impakt auch in den Daten aus Stuttgart verifizieren ließ. Dort wurde mit 25 fps gearbeitet, und der Lichtblitz ist bei schlechterem Signalzu-Rauschverhältnis und Kompressionsartefakten auch nur auf zwei Bildern zu erkennen. Für eine Bestätigung war die Datenqualität jedoch völlig ausreichend. Der Zeitpunkt und die Position auf dem Mond passten perfekt (siehe Bilder S. 34).

Hilfreich bei der Auswertung war, dass auf dem dunklen Teil der Mondoberfläche gewöhnlich noch Einzelheiten sichtbar sind, an denen sich ein Beobachter orientieren kann. Dank des von der Erde auf den Mond reflektierten Sonnenlichts, des so genannten sekundären Lichts oder Erdscheins, zeichneten sich in unseren Aufnahmen einige Mare sowie der helle Krater Aristarch ab. Dies ermöglichte es, das registrierte Ereignis mit einer Mondkarte zu überlagern. Demnach liegt der Einschlagsort bei 40 Grad westlicher Länge und 5,5 Grad nördlicher Breite – unweit des Kraters Kepler.

Auch die Helligkeit des Impakts ließ sich bestimmen. Ein Vergleich mit Sternen, die auf den Videos gut sichtbar sind, ergab für den Lichtblitz eine scheinbare Helligkeit von rund 6 mag. Die Masse eines etwas helleren Leoniden-Impaktors aus dem Jahr 2001 wurde zu 2,5 Kilogramm berechnet. Bei dem Impakt vom 3. Januar 2009 handelte es sich mit hoher Wahrscheinlichkeit um einen Quadrantiden. Berücksichtigt man, dass sich die Partikel dieses Meteorstroms viel langsamer bewegen als diejenigen der Leoniden, so kommt eine Masse des Impaktors von bis zu fünf Kilogramm in Betracht. Der beim Impakt neu entstandene Krater könnte einen Durchmesser von etwa zehn Metern besitzen.

Unsere Beobachtung reichten wir beim Marshall Space Flight Center ein. Dort erfasst die NASA diejenigen als bestätigt geltenden Impaktereignisse, die nicht gleichzeitig von ihren Mitarbeitern nachgewiesen werden konnten, in einer Liste. Unser Eintrag erhielt die Nummer 13 und ist dort der erste bekannte Nachweis aus Deutschland. Die Nummer 12 ist der erste Eintrag aus der Schweiz: Steffano Sposetti und Marco Iten wurden am 11. Februar 2011 erstmals fündig. Ihr Impakt wurde zwar später aufgezeichnet, aber früher entdeckt. Inzwischen gelang es den beiden Beobachtern, zehn weitere Ereignisse erfolgreich nachzuweisen! Und die Chancen stehen gut, dass es im Jahr 2013 weitere Einträge in die Liste der NASA geben könnte.

Mondimpakte und irdische Treffer

Nach dem Meteorfall von Tscheljabinsk am 15. Februar 2013 mit mehr als tausend Verletzten gab es in Russland zahlreiche Stimmen, die eine genauere Überwachung des Himmels forderten. Hierzu kann die Beobachtung von Mondimpakten einiges beitragen: Der Erdtrabant eignet sich ideal als Detektor, um die Masseverteilung von Kleinstkörpern in unserer näheren kosmischen Umgebung zu erforschen, die sich wegen ihrer geringen Größe der direkten Sichtung entziehen. Eine im Jahr 2006 publizierte Arbeit schätzt auf der Grundlage von Mondimpakten die Zahl der irdischen Treffer mit mehr als einem Kilogramm Masse auf rund 80.000 pro Jahr. Große Einschläge mit einer Explosionskraft von mehr als 15 Kilotonnen sollten demnach nur einmal pro Jahr vorkommen. Der Einschlag bei Tscheljabinsk entfaltete eine Explosionskraft von etwa 500 Kilotonnen und kann als seltenes Ereignis gewertet werden. Auf der Grundlage des herkömmlichen Datenmaterials ist ein derartiger Treffer statistisch nur im Abstand von mehreren Jahrzehnten zu erwarten.

Die DSP-Satelliten des US-Militärs, welche die gesamte Erdoberfläche überwachen, liefern jedoch eine erweiterte Datenbasis. Sie suchen nach Raketenstarts, registrieren aber auch die Wärmestrahlung von Feuerkugeln.

Die Auswertungen deuten darauf hin, dass sogar wöchentlich Meteoriten die Erdoberfläche erreichen. Die meisten von ihnen gehen aber – glücklicherweise – über menschenleeren Regionen wie Ozeanen oder Wüsten nieder.

Weiterführende Literatur

Bellot Rubio, L. r. et al: Luminous Efficiency in Hypervelocity Impacts from the 1999 Lunar Leonids. In: Astrophysical Journal 542, S. 65–68, 2000

Cudnik, B.: Lunar Meteoroid Impacts and how to observe them. Springer, Berlin 2010

Cudnik, B.: Lunar Meteor Impact Monitoring and the 2013 LADEE Mission. In: The Society for Astronomical Sciences 31st Annual Symposium on Telescope Science, S. 29–35, 2012

Ortiz, J. L. et al.: Observation and Interpretation of Leonid Impact Flashes on the Moon in 2001. In: Astrophysical Journal 576, S. 567–573, 2002

Ortiz, J. L. et al.: Detection of Sporadic Impact Flashes on the Moon: Implications for the Luminous Efficiency of Hypervelocity Impacts and Derived Terrestrial Impact Rates. In: Icarus 184, S. 319–326, 2006

Yanagisawa, M. et al.: Lightcurves of 1999 Leonid Impact Flashes on the Moon. In: Icarus 159, S. 31–38, 2002

Bernd Gährken ist Mitglied der Volkssternwarten in München und Paderborn. Zudem engagiert er sich in der Fachgruppe Astrofotografie der Vereinigung der Sternfreunde e. V. Er besitzt jahrzehntelange Erfahrung in der Amateurastronomie und ist nicht nur als Beobachter, sondern auch als Autor und Referent auf Tagungen aktiv.

Was erzeugte die Schrammen um das Mare Imbrium?

Tilmann Althaus

Im Umfeld des Mare Imbrium, des linken Auges im Mondgesicht, finden sich zahlreiche lange Schrammen. Sie könnten durch Splitter des vor rund vier Milliarden Jahren eingeschlagenen Körpers entstanden sein.

Auf unserem Mond zeigen sich schon dem bloßen Auge helle und dunkle Gebiete, die mit etwas Fantasie ein Gesicht auf der Mondscheibe bilden. Dabei stellt das Mare Imbrium, das Regenmeer, das linke Auge dar. Dieses mit 1250 km Durchmesser größte Einschlagbecken auf der Mondvorderseite entstand vor etwa vier Milliarden Jahren durch den Impakt eines Asteroiden. Der Forscher Peter H. Schultz von der Brown University in Rhode Island und sein Kollege David A. Crawford von den Sandia National Laboratories in New Mexico befassten sich nun genauer mit der Entstehung des Regenmeers. Dabei setzten sie sowohl auf Beschussversuche von Metallplatten mit Hochgeschwindigkeitsprojektilen als auch auf Computermodellierungen, um den Details der Kraterbildung auf die Spur zu kommen (Schulz und Crawford 2016).

Rund um das Mare Imbrium lassen sich unter geeigneten Bedingungen, insbesondere bei extrem flachem Lichteinfall durch die Sonne, lange Furchen oder Schrammen erkennen, die radial vom Zentrum des Regenmeers ausgehen. Sie erstrecken sich über viele hundert Kilometer. Diese Furchen wurden bislang als die Schrammspuren von Gestein der Mondkruste interpretiert, das bei dem heftigen Einschlag explosiv aus dem sich

T. Althaus (✉)
Redakteur bei „Sterne und Weltraum", Heidelberg, Deutschland

K. Urban (Hrsg.), *Der Mond*, https://doi.org/10.1007/978-3-662-60282-9_6

gerade bildenden Einschlagbecken herausgeschleudert wurde. Dabei soll das Auswurfmaterial an der Mondkruste entlang geschrammt sein und die Furchen ausgehoben haben. Die Verteilung der Schrammen deutet darauf hin, dass der rund 250 km große Impaktor von Nordwesten kommend auf der Mondoberfläche unter einem flachen Winkel einschlug (siehe Grafik).

Auf den hier grün eingezeichneten Wegen wurde beim Einschlag, der das Mare imbrium schuf, Material ausgeworfen, das die Mondoberfläche mit Schrammen überzog. Ein Teil des Materials könnte vom Impaktor, also dem einschlagenden Körper selbst, stammen und nicht nur, wie bislang angenommen, aus dem Gestein der Mondkruste. Die Schrammen lassen sich mit Teleskopen bei sehr flachem Einfall des Sonnenlichts auch von der Erde aus erkennen. Die Bezeichnungen „A 11 bis A 17" geben die Landeplätze der sechs erfolgreichen Apollo-Missionen in den Jahren 1969 bis 1972 an. Die Mondkarte wurde aus Daten des Lunar Reconnaissance Orbiter der NASA erstellt

Schulz und Crawford stellten nun anhand ihrer Schussversuche und Computermodellierungen fest, dass beim Einschlag eines derart großen Himmelskörpers nicht nur Mondgestein freigesetzt wird, sondern auch Material des Projektils, das dann über die Mondoberfläche schrammt (siehe Bild oben).

Dies geschieht in dem Moment, in dem der Impaktor die Mondoberfläche gerade berührt, aber die Kraterbildung noch nicht begonnen hat. Das freigesetzte Material bewegt sich sehr schnell und unter sehr flachem Winkel relativ zur Mondoberfläche. Tatsächlich fanden sich in den Mondgesteinen, die von den Apollo-Astronauten zur Erde gebracht wurden, auch Brocken aus dem Mare Imbrium. Darin gab es immer wieder kleine Einsprengsel von meteoritischem Material, die sogar Rückschlüsse auf das Material des Impaktors zulassen. Demnach wäre es ein Asteroid vom Typ E gewesen, also ein Gestein mit einem hohen Gehalt des Silikatminerals Enstatit.

Erst wenn ein Impaktor wenige tausendstel Sekunden später tiefer in die Mondkruste eindringt, verdampft er wegen seiner hohen Bewegungsenergie, die auf einen Schlag in Wärme umgesetzt wird, vollständig in einer gewaltigen Explosion. Diese erfolgt symmetrisch und hebt einen initialen Einschlagkrater aus, so dass ein rundes Einschlagbecken entsteht. Im Fall des Mare Imbrium war dieser erste Krater etwa 850 km groß und mehrere hundert Kilometer tief. Durch den Einschlag wurde die Mondkruste zusammengedrückt und federte nur einige Dutzend Sekunden später zurück – ähnlich wie Wasser, in das man einen Stein wirft.

Bei solchen Prozessen entstehen die charakteristischen Ringe um das Zentrum des Einschlagbeckens. Von diesen ist beim Mare Imbrium nur noch ein Teil sichtbar, denn vor rund vier Milliarden Jahren war der Mond vulkanisch noch sehr stark aktiv. Die Einschlagbecken auf der Mondvorderseite füllten sich allmählich mit Lava und erscheinen daher heute dunkel. Vor der Erfindung des Fernrohrs interpretierten Beobachter diese Regionen als Wasserflächen, und sie werden deshalb noch heute als Meere (lateinisch: mare, Plural: maria) bezeichnet.

Ein weiteres sehr interessantes Detail der Untersuchungen der beiden Forscher ist, dass beim Einschlag sogar rund zwei Prozent des Impaktormaterials auf derart hohe Geschwindigkeiten beschleunigt wurden, dass sie das Schwerefeld des Erde-Mond-Systems verließen und zurück in den interplanetaren Raum flogen. Dieses Material wäre dann im späteren Verlauf der Entwicklung des Sonnensystems mit einem der vier erdähnlichen Planeten zusammengestoßen und hätte dort weitere Krater ausgehoben.

Der größte Teil der ausgeworfenen Materie wäre über kurz oder lang wegen der großen Nähe zu unserer Erde auf ihr eingeschlagen und hätte dort wiederum Krater erzeugt. Nach einer solch langen Zeit sind davon aber keine Spuren mehr zu finden. Die ständige geologische Aktivität der Erde hat solche Zeugnisse der Urzeit in den rund vier Milliarden Jahren seit der Entstehung des Mare Imbriums längst endgültig ausgelöscht.

Literatur

Schulz, P. H., Crawford, D. A.: Origin and Implications of Non-Radial Imbrium Sculpture on the Moon. In: Nature 535, S. 391–406, 2016

Tilmann Althaus ist seit 2002 Redakteur bei „Sterne und Weltraum" und betreut vor allem Themen zur Planetenforschung und Raumfahrt.

Dem Mond unter die Haut geblickt

Die ersten Ergebnisse der GRAIL-Mission

Emily Lakdawalla

Im Jahr 2012 erkundeten die beiden Sonden des „Gravity Recovery and Interior Laboratory (GRAIL)" das Schwerefeld des Mondes mit hoher Präzision. Die Auswertung der Daten erlaubt erstmals detaillierte Einblicke in den inneren Aufbau und die geologische Geschichte des Erdtrabanten.

In Kürze

- Die beiden Sonden des GRAIL-Programms kartierten das inhomogene Schwerefeld des Mondes im Detail.
- Aus den Schwerefeldmessungen lassen sich Rückschlüsse auf die Struktur und den Aufbau der lunaren Kruste ziehen.
- Die Kruste auf der Mondrückseite ist deutlich dicker als auf der Vorderseite.
- GRAIL stieß auf Strukturen innerhalb der Mondkruste, die auf eine Ausdehnung des gesamten Mondes um wenige Kilometer vor rund vier Milliarden Jahren hinweisen.

Ende 2012 wurden die ersten wissenschaftlichen Ergebnisse der NASA-Mission „Gravity Recovery and Interior Laboratory GRAIL" zur Untersuchung des Schwerefelds des Mondes veröffentlicht. Nun müssen sich die Geophysiker auf Grund dieser Resultate bemühen, die Entstehung des Mondes und den Werdegang bis zu seiner jetzigen Gestalt völlig neu zu modellieren. Um die Ergebnisse von GRAIL verständlich zu machen, benötigen wir

E. Lakdawalla (✉)
Planetary Society in Pasadena, Kalifornien, Pasadena, USA

K. Urban (Hrsg.), *Der Mond*, https://doi.org/10.1007/978-3-662-60282-9_7

zunächst einige grundlegende Kenntnisse über die Auswertung von Schwerefeldmessungen und ihre Interpretation. Schwerefeldmessungen sind oftmals die einzige Möglichkeit, die Vorgänge im tiefsten Inneren anderer Welten zu verstehen. Diese Daten bieten uns eine Art Röntgenblick in das Innenleben eines Planeten und ermöglichen auch Rückschlüsse auf dessen Vergangenheit.

Um eventueller Haarspalterei entgegenzuwirken: In der Geophysik wird eine Bezeichnung für Himmelskörper benötigt, die groß genug sind, eine interne geologische Aktivität zu entfalten. Dafür muss das Wort „Planet“ herhalten, um nicht jedes Mal von „Planeten, Zwergplaneten oder Monden“ sprechen zu müssen. So definieren Geophysiker das Wort „Planet“, für Astronomen ist die Definitionsgrundlage für diesen Begriff eine ganz andere. Und ja, auch in der Geophysik ist nicht nur die Erde gemeint, sondern alle Planeten.

Das Innenleben von Planeten

Wie sind Planeten im Allgemeinen aufgebaut? Die meisten von ihnen bestehen aus mehreren Schichten unterschiedlicher Materialien, die sich durch ihre jeweilige mittlere Dichte voneinander abgrenzen. Generell bestehen Planeten aus einem Kern mit der größten Dichte, gefolgt von einem Mantel mit einer mittleren Dichte und einer Kruste mit der geringsten Dichte. Die erdähnlichen Planeten – also Merkur, Venus, Erde, der Mond, Mars und der Jupitermond Io – enthalten einen metallischen Kern, einen Mantel aus Eisen- und Magnesiumsilikatmineralen wie Olivin und Pyroxen sowie eine leichtere Silikatkruste. Im Folgenden werden die beiden oberen Schichten besprochen: der Mantel und die Kruste.

Geht man von einem Planeten aus, der aus geschmolzenem Material entstand und nach dessen Abkühlung sich absolut nichts ereignet hätte, dann ergäbe dies ein rundes Objekt, auf dem die Schwerkraft überall genau gleich wirkt. Es wäre ein sehr dröger Ort mit einer glatten Oberfläche, ohne Topografie und ohne eine nennenswerte geologische Geschichte.

Planeten sind manchen Einflüssen aus dem Weltraum ausgesetzt, die diesen vollkommen glatten Zustand zerstören. Im Fall des Mondes sind dies vor allem Einschlagprozesse und Vulkanismus. In erster Näherung lässt sich sagen, dass bei einem Einschlag ein großes Loch in den Boden gegraben wird und ein Vulkanausbruch einen Hügel aus Gestein auf dem Boden aufhäuft.

Ein Loch ist ein Ort, an dem Masse fehlt. Ein Berg enthält dagegen zusätzliche Masse. Fliegt man also über einen Hohlraum, so ist die Schwerkraft spürbar geringer als andernorts. Geophysiker nennen dieses Phänomen „negative Freiluft-Anomalie“. Beim Flug über einen Berg steigt die Schwerkraft lokal an. Dies wird durch die „positive Freiluft-Anomalie“ beschrieben. „Freiluft“ bezieht sich in diesem Zusammenhang darauf, dass von einer gleichbleibenden Richthöhe über der Oberfläche ausgegangen wird.

In weiten Teilen des Mondes beobachtete GRAIL genau das. Die Bildserie zeigt einen Ausschnitt der mit unzähligen Kratern übersäten erdabgewandten Seite des Mondes: Oben ist die Schwerekarte von GRAIL zu sehen und in der Mitte eine topografische Reliefkarte. Unten – hier wurde die Gravitationskarte von GRAIL mit der topografischen Darstellung überlagert – wird deutlich, wie gut Schwerefeld und Topografie übereinstimmen. Dabei zeigen die Krater negative Freiluft-Anomalien.

Und dieser Zustand lässt sich auf dem Mond flächendeckend beobachten, zumindest bei relativ kleinen Einschlagkratern. Doch bei sehr großen Kratern tritt ein anderer Effekt ein. Obwohl Gesteine wie solide und unbewegliche Substanzen wirken, können sie sich wie eine Flüssigkeit verhalten, vorausgesetzt man gibt ihnen genügend Zeit und erhitzt sie ein wenig. Zugegebenermaßen sind Gesteine eine sehr zähflüssige oder hochviskose Flüssigkeit. Was geschieht nun, wenn man in einer solchen Flüssigkeit ein Loch gräbt oder daraus einen Berg anhäuft? Sie fließt extrem langsam und nach einiger Zeit entsteht wieder eine glatte Oberfläche.

Fließende gesteine

Diese Vorgänge laufen im ganzen Sonnensystem auf festen Himmelskörpern ab, einschließlich der Erde. Am leichtesten lässt sich dieser Vorgang bei Planeten beobachten, die aus Stoffen bestehen, die auch im festen Zustand leicht fließen. Ein Beispiel hierfür ist der Saturnmond Tethys. Sein Mantel und seine Kruste bestehen aus Eis. Es ist festes Eis, doch die tieferen Schichten sind warm, und Eis fließt in geologischen Zeiträumen recht bereitwillig. Vor langer Zeit erlebte Tethys einen enormen Einschlag, bei dem sich der Krater „Odysseus“ bildete. Seit dessen Entstehung floss der Eismantel von Tethys, wobei der Kraterboden nach oben gedrückt wurde. Odysseus ist nun kein Loch in der Kruste mehr, und Tethys hat ihre runde Form annähernd wieder zurückerlangt. An den ursprünglichen Krater erinnern nun nur noch der steile Kraterrand und ein Gebilde, das einmal ein Zentralberg oder ein Zentralring war.

In einer Umlaufbahn um Tethys würden sich somit auf den Karten von GRAIL im Bereich von Odysseus keine tiefblauen Flächen zeigen, die auf fehlende Masse und damit auf eine negative Freiluft-Anomalie hindeuten würden. Andeutungsweise wären der Rand und der Zentralberg sichtbar, doch der Großteil des Beckens wiese die gleiche Gravitation auf wie die angrenzenden Gebiete.

Schwimmende Kruste

Ein wenig komplizierter, aber auch interessanter wird es, wenn sich Kruste und Mantel in ihren mittleren Dichten unterscheiden. Entsteht durch einen Einschlagkrater ein Loch im Untergrund, so wird Krustenmaterial mit geringer Dichte entfernt, der tief liegende Mantel mit hoher Dichte bleibt davon jedoch unberührt. Fließt nun der Mantel nach oben, um das Loch zu füllen, so wird weniger dichtes Material durch Gestein mit höherer Dichte ersetzt. Dieser Prozess wird durch die potenzielle Energie im Schwerefeld angetrieben. Befindet sich ebenso viel Masse unter dem Krater wie unter den umliegenden Gebieten, so ist das Schwerepotenzial ausgeglichen. Zurück bleibt eine Einkerbung im Boden, die allerdings flacher ist als zu Beginn. Sieht man von den Randeffekten ab – das ist im Grunde nicht möglich, aber wir möchten die Sachlage vereinfacht betrachten –, ist wiederum die Schwerkraft überall gleich. Was bleibt, ist ein Planet mit geringen Höhenunterschieden, jedoch ohne Freiluftanomalie.

Umgekehrt bedeutet das, dass bei der Anhäufung zusätzlicher Kruste auf der Oberfläche Masse hinzugefügt und dabei so lange Mantelmaterial mit höherer Dichte verdrängt wird, bis wieder ein Gleichgewicht erreicht ist. Letztlich bleibt noch immer eine Erhebung zurück, allerdings ist sie niedriger als zu Anfang. Einkerbungen deuten also auf eine dünne Kruste und Erhebungen auf eine dicke Kruste hin und es gibt keine Freiluft-Anomalie.

Isostasie und Massenbewegungen

Die Kruste und der Mantel des Mondes weisen deutlich unterschiedliche mittlere Dichten auf (a). Bilden sich durch Einschläge Krater oder durch Vulkanausbrüche Berge auf der Oberfläche, so entstehen Massendefizite oder -überschüsse in der Kruste (b). Durch die potenzielle Energie im Schwerefeld kommt es zu Ausgleichsbewegungen im Mantel (c).

Unter Kratern strömt Mantelmaterial nach oben, drückt den Kraterboden hoch und dünnt die Kruste aus (d), bis ein Gleichgewicht erreicht ist. Unter einem Berg weicht der Mantel nach der Seite aus, der Berg sinkt teilweise ein und bildet eine „Wurzel" aus. Diese Kompensation durch Massenbewegungen wird als „Airy-Isostasie" bezeichnet.

Eine andere Form des isostatischen Ausgleichs ist im Teilbild E dargestellt. Erhebungen treten dort auf, wo die Kruste eine geringere Dichte aufweist, und Becken dort, wo die Kruste eine höhere Dichte besitzt.

In diesem Fall bleibt der Mantel unberührt. Diese Kompensation heißt „Pratt-Isostasie".

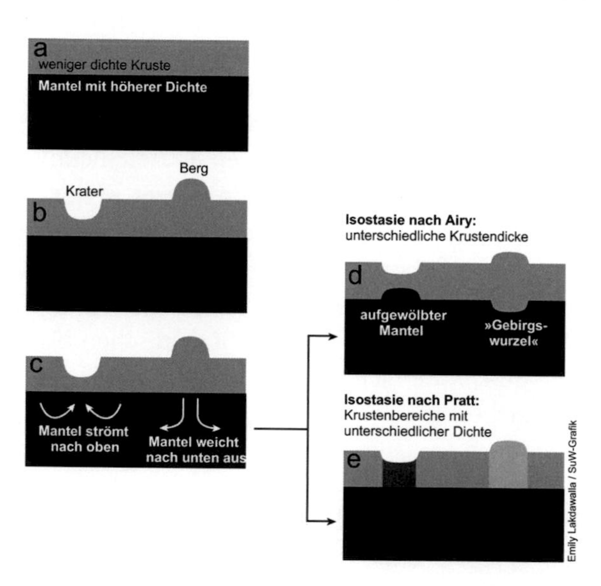

Die Geophysiker bezeichnen diesen Gleichgewichtszustand als „Isostasie" (siehe Kasten oben) Isostasie ist wie statischer Auftrieb – weniger dichte Masse treibt obenauf und liegt auf dem fließfähigen Mantel. Dies erklärt teilweise, warum Kontinente und Ozeanbecken auf der Erde existieren. Die Kruste ist unterhalb der Ozeane mit einer mittleren Mächtigkeit von nur fünf bis zehn Kilometern recht dünn. Unter den Kontinenten ist sie mit 20 bis 40 km wesentlich dicker. Die ozeanische Kruste sitzt also tiefer im fließfähigen Mantel, und Ozeanbecken weisen ein Massendefizit auf.

Doch bei der Isostasie spielt noch ein weiterer Aspekt eine Rolle, nämlich dass die Kruste in ihrer Gesamtheit nie gleich beschaffen ist. Die Masse des Mantels bewegt sich im Lauf der Zeit, somit kann man in erster Näherung von einer konstanten Dichte ausgehen. Das Material der Kruste hingegen kann im Hinblick auf Zusammensetzung, Temperatur und Porosität sehr variabel sein. Daher ist es wichtig zu berücksichtigen, inwiefern sich die Dichte von Ort zu Ort unterscheidet. Im Extremfall lassen sich geologisch alte Vertiefungen und Erhebungen dadurch erklären, dass man in den theoretischen Modellen die Dichte der Kruste variiert (siehe Kasten).

Dieser Befund trägt auch zu der Erklärung bei, warum die Böden der Ozeanbecken der Erde so tief liegen. Ozeanische Kruste besteht aus relativ dichtem Basaltgestein. Kontinentale Kruste hingegen ist überwiegend aus Gestein granitischer Zusammensetzung aufgebaut, das eine wesentlich geringere Dichte aufweist.

Im Zusammenspiel der Isostasie-Modelle nach John H. Pratt (1809–1871) und George B. Airy (1801–1892) ist das Schwerefeld der Erde bemerkenswert konstant. Dies ist erstaunlich, da die irdische Topografie sehr variabel ist und sich durch die geologische Aktivität des Planeten rasch verändert. Die durchschnittliche Schwerebeschleunigung der Erde beträgt 9,8 m pro Quadratsekunde. Geophysiker messen lokale Veränderungen im Schwerefeld in Milligal, wobei ein „Gal" einer Beschleunigung von einem Zentimeter pro Quadratsekunde entspricht. Somit ergibt sich eine durchschnittliche Schwerebeschleunigung von rund einer Million Milligal. Die Veränderungen im Schwerefeld der Erde liegen dagegen im Bereich von durchschnittlich 100 Milligal – dies entspricht nur rund 0,01 % der Gesamtstärke. Benannt ist „Gal" nach dem italienischen Naturforscher Galileo Galilei (1564–1641), der schon im 16. Jahrhundert die Wirkungen der Schwerkraft untersuchte.

Die unausgeglichene Mondkruste

So weit der Idealzustand. Die Realität ist wie immer um einiges komplizierter. Planetare Mäntel sind nicht völlig fließfähig, sie sind fest und haben eine gewisse Steifigkeit. Bei kleinen Vertiefungen oder Erhebungen bewegt sich der Mantel nicht, und das Gravitationsfeld stimmt sehr gut mit der Topografie überein. Der Krater oder Berg gilt dann als isostatisch „unausgeglichen". Dieser Zustand lässt sich auch in den von Kratern übersäten Mondhochländern beobachten.

Die isostatisch unausgeglichene Topografie trägt wesentlich zum Erscheinungsbild der lunaren Schwereanomalien auf den Karten von GRAIL bei. Daher ist es interessant, die Effekte der isostatisch unausgeglichenen Topografie von der ursprünglichen Karte des Gravitationsfelds, die üblicherweise als Karte der Freiluft-Anomalie bezeichnet wird, abzuziehen. Eine solche Karte stellte Maria Zuber vom Massachussetts Institute of Technology, die Forschungsleiterin des GRAIL-Programms, in ihrer Arbeit vor. Für diese Karte mussten die Forscher Annahmen über das Verhältnis der mittleren Dichten von Kruste und Mantel treffen. Nach der Korrektur ist auf der Karte ersichtlich, wo ein isostatischer Ausgleich auftrat und wie dieser aussah. Diese Variante einer Schwerefeldkarte wird als Bouguer Anomalie bezeichnet. Benannt ist sie nach dem französischen Astronomen Pierre Bouguer (1698–1758), der im 18. Jahrhundert Untersuchungen zu den lokalen Abweichungen des irdischen Schwerefelds anstellte.

In einer Bouguer-Schwerekarte erscheinen Berge nach dem Ausgleich als negative Anomalien wegen der „fehlenden" Masse in ihren Wurzeln mit geringer Dichte. Ausgeglichene Becken weisen dagegen positive Anomalien auf, da unter ihnen Material aus dem dichteren Mantel aufgestiegen ist und somit die Masse lokal erhöht ist. Betrachtet man eine Bouguer-Karte, sieht man sozusagen eine invertierte Karte der Krustendicke. Eine hohe Bouguer-Schwere deutet auf ein Massendefizit hin, eine niedrige hingegen auf einen Massenüberschuss.

Auf der Bouguer-Karte fallen drei Merkmale besonders ins Auge: Als Erstes zeigt sich, dass die meisten kleineren Schwankungen, die noch auf der Karte der Freiluft-Schwereanomalien zu sehen waren, komplett verschwunden sind. Die meisten der kleinskaligen Anomalien im Schwerefeld sind also auf eine isostatisch unausgeglichene Topografie zurückzuführen. Dieses Ergebnis unterstützt zudem auch die Annahme, dass die Kruste überall mehr oder weniger die gleiche Dichte aufweist. In den Mondhochländern lassen sich noch lokale Schwankungen erkennen, jedoch kann man ohne Äquipotenziallinien schwer sagen, wie stark die Variationen sind.

Nun sollte der Mond geringe lokale Schwankungen in seiner Krustendichte aufweisen, die auf die jeweilige lokale Geologie zurückgehen. Dass die Schwankungen in der Krustendichte gering und gleichmäßig sind, bedeutet, dass die Bildung von Einschlagkratern die Kruste einige Kilometer tief vollkommen ramponiert, zerschlagen, fragmentiert, vermischt und nochmals vermischt hat. Mit anderen Worten: Die Mondoberfläche wurde völlig homogenisiert. Frühere Karten des lunaren Schwerefelds waren nicht detailliert genug, um die gute Übereinstimmung von Topografie und Gravitation zu zeigen. Dies ist eine der neuen Erkenntnisse von GRAIL.

Nun zur zweiten bemerkenswerten Eigenschaft: Generell lässt sich feststellen, dass die Kruste auf der erdabgewandten Seite dick ist, sie zeigt eine niedrige Bouguer-Schwere (blau gefärbt), während die Kruste auf der erdzugewandten Seite dünn ist, also eine hohe Bouguer-Schwere aufweist (rot). Dies ist eine bekannte Eigenschaft des Mondes und belegt die so genannte Geometrie-/Massenzentrum-Verschiebung. Aus ihr ergibt sich, dass der geometrische Mittelpunkt des Mondes gegenüber seinem Massenzentrum um mehrere Kilometer verschoben ist. Eine Hypothese geht davon aus, dass die erdabgewandte Mondseite fast vollständig von sehr dicken Ablagerungen von Auswurfmassen (Ejekta) aus dem gewaltigen Südpol-Aitken-Becken bedeckt ist.

Warum sind die Einschlagbecken auf der Mondvorderseite größer als auf der Rückseite?

Bei der Auswertung der Messdaten von GRAIL stießen Forscher um Katarina Milijkovic vom Institut du Physique du Globe in Paris auf eine mögliche Erklärung, warum die Einschlagbecken auf der Vorderseite unseres Trabanten sehr viel größer sind als die entsprechenden Strukturen auf der erdabgewandten Hemisphäre. Tatsächlich war es vor den Messungen von GRAIL schwierig, überhaupt die Durchmesser der Einschlagbecken zu bestimmen. Sie sind auf der erdzugewandten Seite zum größten Teil durch später ausgeflossene Lava aufgefüllt, wodurch ihre Konturen verwischen und die Becken scheinbar ineinander übergehen. Diese dunklen Lavaregionen bilden das schon mit dem bloßen Auge leicht zu erkennende „Mondgesicht".

Mit den Schwerefelddaten von GRAIL ließen sich nun die wahren Durchmesser ermitteln. Sie sind im Mittel etwa doppelt so groß wie ihre Gegenstücke auf der Mondrückseite – sieht man einmal vom riesigen Südpol-Aitken-Becken ab, das als Sonderfall von den Untersuchungen ausgeschlossen wurde. Auf jeder Hemisphäre finden sich zwölf Einschlagbecken, die homogen über die Oberfläche verteilt sind. Aus den Analysen von Gesteinsproben und fernerkundlichen Untersuchungen aus der Umlaufbahn ist bekannt, dass die Gesteine auf der Mondvorderseite höhere Gehalte an langlebigen radioaktiven Elementen wie Thorium, Uran und Kalium-40 aufweisen als jene auf der Rückseite. In ihnen wurde durch den radioaktiven Zerfall mehr Zerfallswärme frei. Somit war die Kruste auf der Mondvorderseite vor rund vier Milliarden Jahren deutlich wärmer und leichter plastisch deformierbar. Zudem war sie auch deutlich dünner als auf der Rückseite.

Als nun größere Asteroiden auf dem Mond einschlugen, erzeugten sie bei gleicher Masse auf der Vorderseite rund doppelt so große Einschlagbecken wie auf der wesentlich steiferen und dickeren Kruste der Mondrückseite. Bislang wurde die Wucht der Einschläge auf der Mondvorderseite überschätzt, was zu falschen Annahmen in der Kraterstatistik führte, welche für die Altersdatierung von Oberflächen im gesamten Sonnensystem genutzt wird. Die Forscher um Milijkovic vermuten daher, dass die Größenverteilung der Einschlagkrater und -becken der Mondrückseite die Impaktgeschichte des Sonnensystems sehr viel besser widerspiegelt. TILMANN ALTHAUS

Literaturhinweis: Milijkovic, K. et al.: Asymmetric Distribution of Lunar Impact Basins Caused by Variations in Target Properties. In: Science 342, S. 724–726, 2013

Mascons stören Raumsonden

Zu guter Letzt weisen viele lunare Einschlagbecken kolossale positive Schwereanomalien auf. Sie lassen sich schon auf den Freiluft-Schwerekarten erkennen, doch auf der Bouguer-Karte treten sie noch besser hervor. Auch diese sind schon seit geraumer Zeit bekannt. Sie werden als „Mascons" (kurz für „mass concentrations") bezeichnet und treten dort auf, wo viel mehr Masse vorhanden ist, als man vermuten würde. Die Mascons des Mondes sind ein echtes Hindernis für die orbitale Navigation; ihre Störungen des lunaren Schwerefelds destabilisieren Umlaufbahnen. Somit können den Mond umkreisende Raumfahrzeuge nur mit Mühe davor bewahrt werden, abzustürzen.

Das Gleiche galt auch für beiden Satelliten von GRAIL. Sie führten auf ihrer verlängerten Mission im Herbst 2012 auf einer niedrigeren Mondumlaufbahn dreimal wöchentlich bahnmechanische Manöver durch, um nicht auf der Mondoberfläche aufzuschlagen. Als diese Steuermanöver eingestellt wurden, stürzten beide Sonden nach nur wenigen Tagen ab. Sie zerschellten am 17. Dezember 2012 an einem namenlosen Berg auf der Mondvorderseite im Abstand von nur einer halben Minute.

Die Kruste unter den Mascons ist vermutlich sehr dünn. An einigen Orten scheint die deren Dicke gleich null zu sein, die Einschläge durchdrangen dort die weniger dichte Kruste und erreichten den Mantel mit höherer Dichte. Doch bei vielen Mascons reicht nicht einmal dieses Szenario als Erklärung für die festgestellten Bouguer-Anomalien aus. Man benötigt noch weitere Ansammlungen isostatisch unausgeglichener Massen. Viele Einschlagbecken sind tatsächlich durch basaltische Lava aufgefüllt. Diese könnte für einen Teil der positiven Gravitationsanomalie verantwortlich sein. Doch das trifft nicht immer zu. Die Frage, warum manche lunare Einschlagbecken, die keine vulkanische Gesteine enthalten, trotzdem Mascons aufweisen, wird in der Forschung heiß diskutiert.

Mark Wieczorek vom Institut du Physique du Globe in Paris und seine Koautoren beschäftigten sich mit den Eigenschaften der lunaren Kruste. Das Team verwendete für die weitere Untersuchung der GRAIL-Daten einen numerischen Filter, der großskalige topografische Merkmale wie Einschlagbecken und andere regionale Eigenheiten entfernte. Die übrig bleibenden kleinskaligen Strukturen sollten der Theorie nach isostatisch unausgeglichen sein. Sie sind zu klein für isostatische Prozesse und können also den Mantel nicht zum Fließen bringen und somit die Kraterböden anheben. Folglich sollten auf einer solchen Karte die Bouguer-Schwere-Anomalien gleich null sein.

Wie schon oben erwähnt, muss für die Berechnung der Bouguer-Anomalien auf der Basis der Freiluft-Anomalien eine bestimmte mittlere Dichte für die Kruste angenommen werden. Wieczorek und seine Koautoren näherten sich diesem Problem allerdings auf andere Weise. Sie nahmen die mit dem numerischen Filter erstellte Karte, setzten die Bouguer-Anomalie auf null und ermittelten daraus die dafür nötige mittlere Dichte. Dabei vermieden sie Regionen, in denen die ursprüngliche lunare Kruste von dichten Marebasalten bedeckt ist. Die Grafik oben zeigt die dabei entstandene Karte der lunaren Krustendichte.

Bei näherer Betrachtung dieser Karte wird deutlich, dass die durchschnittliche Dichte der Kruste bei 2,55 Gramm pro Kubikzentimeter liegt. Das ist weitaus niedriger als die bisherigen Annahmen und sogar geringer als die mittlere Dichte von Granit. Die Zusammensetzung der Hochlandkruste ist bekannt, da von ihr durch das Apollo-Programm Gesteinsproben vorliegen. Die Dichte der Minerale, aus denen die Kruste besteht, beträgt ungefähr 2,8 bis 2,9 Gramm pro Kubikzentimeter. Laut Wieczorek lässt sich die geringe Dichte der lunaren Kruste möglicherweise darauf zurückführen, dass sie sehr porös, brüchig und zerborsten ist. Somit besteht sie bis zu einer Tiefe von mehreren Kilometern unter der Oberfläche aus rund zwölf Prozent Porenraum. Die GRAIL-Mission lieferte uns also mit Hilfe ihres „Röntgenblicks" die Erkenntnis, dass die Kruste des Mondes kilometertief völlig zertrümmert ist. Sogar Teile des oberen Mantels könnten überall dort, wo die Kruste sehr dünn ist, zerbrochen und porös sein.

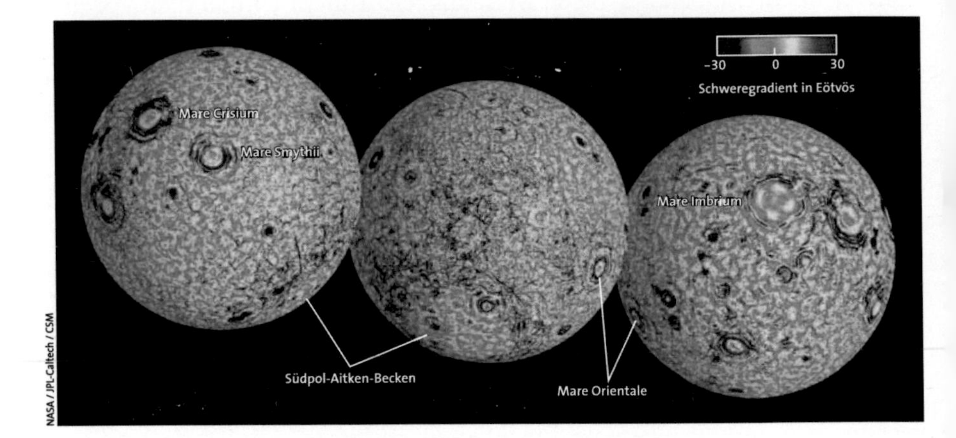

Aus der Karte der Bouguer-Schwere-Anomalien lassen sich die Gradienten der Schwerkraftänderungen ableiten: Dort, wo sich die Schwerkraft in eng begrenzten Bereichen stark ändert, zeigen sich Hochs oder Tiefs, die hier in blau beziehungsweise rot wiedergegeben sind.

In dieser Variante der Schwerkraftgradientenkarte oben sind die von GRAIL entdeckten linearen Strukturen hervorgehoben, bei denen es sich um Gesteinsgänge in der Mondkruste handeln könnte.

Bei eingehender Betrachtung der Karte zeigen sich erhebliche Unterschiede bezüglich der Krustendichte. In manchen Regionen, wie zum Beispiel dem Südpol-Aitken-Becken auf der erdabgewandten Mondseite, ist die Krustendichte sehr hoch. An anderen Stellen, beispielsweise im Bereich der jüngsten Einschlagbecken Mare Orientale und Moscoviense, ist eine ungewöhnlich niedrige Dichte zu sehen. Das Mare Orientale ist das blau umrundete Einschlagbecken in der linken Karte; das Mare Moscoviense ist das wesentlich kleinere blau umrandete Becken oben links auf der rechten Karte. Im Hinblick auf die mineralogische Zusammensetzung berufen sich Wieczorek und seine Kollegen auf Ergebnisse anderer Mondsonden. Demnach wurden im Südpol-Aitken-Becken dichte Gesteine aus großer Tiefe frei gelegt, während die jüngeren Einschlagbecken von dicken Ablagerungen zerbrochener Auswurfmassen umgeben sind, die überdurchschnittlich porös sind.

Mit der Karte der Krustendichte konnten sich die Forscher nun die ursprüngliche Karte der Freiluft-Gravitationsanomalie nochmals vornehmen und die Bouguer-Anomalie noch besser bestimmen. Sie benutzten dann diese Ergebnisse wiederum, um die Dicke der Kruste zu berechnen. Die daraus hervorgegangene Karte zeigt, dass die Krustendicke unter einigen der Einschlagbecken, insbesondere dem Mare Crisium und dem Mare Moscoviense sowie einigen der tiefsten Krater innerhalb des Südpol-Aitken-Beckens wie Apollo und Poincaré annähernd null anstrebt. Auf der Mondrückseite erreicht die Kruste eine maximale Dicke von 60 km (siehe Bild oben). Die Messdaten der mineralogischen Zusammensetzungen der Kruste von der japanischen Kaguya-Mission stützen die Folgerungen aus den GRAIL-Daten. Tatsächlich wurde das Mantelmineral Olivin genau dort frei gelegt, wo laut GRAIL die dünnste Kruste verzeichnet wird: Es sind die Einschlagbecken Crisium, Moscoviense und Humboldtianum.

Die von Wieczorek und seinen Kollegen ermittelte durchschnittliche Dicke der Kruste von 34 bis 43 km ist sehr viel geringer als ursprünglich vermutet. Warum ist dies so wichtig? Berechnet man die chemische Gesamtzusammensetzung des Mondes anhand der neuen Daten über die Krustendicke, so ergeben sich für den Aluminiumgehalt Werte, die sehr viel besser zu den entsprechenden Daten der irdischen Gesamtzusammensetzung als bislang passen. Bisher war die deutliche Abweichung bei den Aluminiumgehalten eines der Haupthindernisse, die Kollisionstheorie zur Entstehung des Mondes zu bestätigen. Die GRAIL-Ergebnisse belegen nun eine klare Übereinstimmung der Gehalte.

Wieczorek diskutierte zudem noch die Konsequenzen der neuen GRAIL-Ergebnisse. Wegen seiner eingeschränkten geologischen Oberflächenaktivität und der dadurch hervorragend konservierten Einschlag-Geschichte des Sonnensystems zeigt der Mond im vereinfachten Sinn, wie alle terrestrischen Planeten aussahen, bevor andere Prozesse wie Vulkanismus, Tektonik und Erosion durch Wasser und Wind ihre Wirkung entfalten konnten.

Auf Grund der GRAIL-Ergebnisse gehen die Forscher nun davon aus, dass zu Beginn die Krusten aller terrestrischen Planeten völlig zerklüftet und zertrümmert sind. Flüssigkeiten wandern problemlos durch solch zertrümmertes Material. So könnten große Wassermengen tief in die Krusten von Erde und Mars vorgedrungen sein. Auf Merkur und dem Mond, auf denen es keine größeren Wassermengen gab, hatte die zertrümmerte Kruste eine andere Wirkung. All diese Porenräume führten dazu, dass die Kruste nur schlecht Hitze aus dem Inneren an die Oberfläche transportieren konnte. Diese planetare „Thermosflasche" hielt somit das heiße Innere viel länger warm als bislang angenommen.

Ein Blick in die Jugend des Mondes

Eine weitere Arbeit löst wie keine andere das Versprechen des GRAIL-Röntgenblicks ein. Obwohl das Alter der Mondoberfläche beträchtlich ist, ist diese mindestens noch 700 Mio. Jahre jünger als der Mond selbst. Die ursprüngliche Oberfläche des Mondes wurde vor mehr als 3,8 Mrd. Jahren durch Einschläge völlig ausgelöscht. Ein Team um Jeffrey Andrews-Hanna von der Colorado School of Mines nutzte die GRAIL-Daten, um tiefer in die Vergangenheit des Mondes zu blicken als jemals zuvor. Dabei konnten die Forscher über den bisherigen Zeithorizont von 700 Mio. Jahren nach der Entstehung des Mondes hinausgehen.

Der Ausgangspunkt für Andrews-Hanna und seine Kollegen war die Bouguer-Karte (also nicht die Karte von Wieczorek und seinen Mitarbeitern, sondern diejenige, die von einer konstanten Krustendichte ausgeht). Das Team berechnete nun ihren Gradienten, also das Gefälle dieser Schwerekarte. Für jeden Punkt auf der Karte lässt sich der Gradient ableiten, indem man von diesem Punkt aus den steilsten An- oder Abstieg bestimmt. Überall dort, wo die Schwerkraft über eine kurze Distanz sehr unterschiedlich ist, weist die Gradientenkarte ein Hoch oder ein Tief auf. Dort, wo die Gravitation gleichmäßig und beständig verläuft, ist der Gradient gleich null.

Das auffälligste Merkmal dieser Karte sind die konzentrischen Ringe rund um die Mascons. Lässt man aber diese außer Acht, so fällt ein weiteres Merkmal ins Auge, nämlich blaue Linien. Es gibt davon mindestens 20, wenn nicht sogar bis zu 60.

Sie sind fast völlig gerade und verlaufen in großen Kreisen auf der Mondoberfläche. Nachdem Andrews-Hanna diese Linien auf der Gradientenkarte entdeckt hatte, legte er sie über die Bouguer-Karte und stellte fest, dass sie mit positiven Schwereanomalien in Zusammenhang stehen.

Es handelt sich also um sehr lange gerade Strukturen aus relativ dichtem Material. Für einen Geologen wäre ein Gesteinsgang die offensichtlichste Erklärung. Er entsteht, wenn sich ein unterirdischer Riss in der Kruste öffnet und Magma einströmt, das anschließend erstarrt. Die Gänge, sollten es wirklich welche sein, sind alt: Andrews-Hanna und seine Koautoren zeigten, dass sie später von Kratern und Einschlagbecken überlagert wurden.

Der Mond als Ballon

Gänge entstehen dort, wo die Kruste gedehnt wird. Wo dagegen die Kruste eng zusammengedrückt wird, können sie sich nicht bilden, denn hier öffnen sich keine Risse und somit kann Lava nicht eindringen. Auf der Erde treten Gänge in Grabenbrüchen auf. Die Kruste wird in diesen Regionen gedehnt, dabei auseinandergezogen, und es entstehen Risse, die sich mit Lava füllen und letztlich Gänge bilden. Die von Andrews-Hanna und seinen Kollegen entdeckten Gänge zeigen allerdings keine bevorzugte Orientierung. An Stelle eines durch Zug entstandenen Tals weisen sie darauf hin, dass sich die gesamte Mondkruste wie ein Ballon in alle Richtungen ausdehnte.

Die Ausdehnung war nur gering, der Gesamtdurchmesser des Mondes nahm um einige wenige Kilometer zu, dennoch ist das Ganze sehr seltsam. Das Phänomen an sich ist allerdings nicht selten. Bei manchen Himmelskörpern im äußeren Sonnensystem dehnte sich die gesamte Kruste aus, beispielsweise auf den Eismonden von Saturn. Denn wenn flüssiges Wasser zu Eis gefriert, dann dehnt es sich aus. Folglich entwickeln sich bei alternden Eismonden Dehnungsrisse, um dem anschwellenden Inneren Platz zu verschaffen.

Doch Eiswelten sind keine Gesteinswelten. Gesteine, wie fast alles außer Wasser, ziehen sich bei der Abkühlung zusammen, so dass man eher Strukturen erwarten würde, die auf eine Schrumpfung hinweisen. Dies zeigt sich beispielsweise bei Merkur. Seine Oberfläche ist von Strukturen übersät, die als „Runzelrücken" bezeichnet werden. An diesen Stellen zog sich die Kruste zusammen, sie warf dabei Falten und schob sich übereinander, da sie sich dem schrumpfenden Inneren anpassen musste. Wie soll man nun erklären, warum sich der Mond ausgedehnt hat, während eine Abkühlung im Lauf der Zeit eigentlich zu einer Kontraktion hätte führen müssen?

Laut Andrews-Hanna haben Theoretiker genau diese Situation vorhergesagt. Die Arbeit, auf die er sich beruft, stammt aus der Feder von Sean Solomon, dem Forschungsleiter der Messenger-Mission zu Merkur. Solomon suchte eine Erklärung dafür, wie die Runzelrücken dort wegen der globalen Schrumpfung entstehen konnten, während dies auf dem Mond nicht der Fall ist.

Wenn sich der Mond tatsächlich aus einem Ring aus Gesteinsschutt bildete, der nach einer heftigen Kollision die Erde umrundete, so wäre sein Kern zunächst ziemlich kalt gewesen. Während der Mond wuchs, hätten Einschläge, die beim Aufprall auf die Oberfläche des Protomondes immer mehr Energie und damit Wärme freisetzten, dazu geführt, dass sein Mantel heißer wurde als sein Zentrum. Die Folge wäre ein kalter fester Kern, der von einem heißen flüssigen Mantel umgeben ist. Die Hitze des Mantels würde sich nur langsam ins Innere ausbreiten. Dadurch dehnt sich das erwärmende Innere aus. Es erzeugt dann genau die Art von globaler Ausdehnung, die zu den beobachteten Gängen führen können. Die Expansion ereignete sich, bevor der Mond ein Alter von 500 Mio. Jahren erreichte und damit vor dem Ende der Einschläge, welche die großen Impaktbecken erzeugten.

Die Theorie von Wieczorek und seinen Kollegen über eine tief zerrüttete Kruste liefert uns eine Erklärung dafür, was auch auf anderen terrestrischen Planeten geschehen sein könnte. Im Gegensatz dazu beschreibt das Szenario einer langsamen ursprünglichen Ausdehnung vom Forscherteam um Andrews-Hanna Umstände, die ausschließlich auf den Mond zutreffen und somit nirgendwo sonst in unserem Sonnensystem hätten eintreten können.

Der Mond als Referenz für andere Planeten

Die oben dargestellten Ergebnisse sind ein wunderbares Beispiel dafür, wie neues ergiebiges Datenmaterial über einen Planeten nicht nur Informationen über die Entwicklung dieses Himmelskörpers liefert, sondern auch unser Verständnis des ganzen Sonnensystems erweitern kann. Es stellt sich die Frage, was eine GRAIL-ähnliche Mission auf einer Umlaufbahn um Mars, Ganymed oder Europa entdecken würde.

Bei einer Pressekonferenz wurde Maria Zuber die Frage gestellt, ob es Vorbereitungen für vergleichbare Missionen jenseits des Mondes gebe. „Diskussionen darüber gibt es sicherlich", erklärte sie, doch „jemand müsste einen Antrag auf eine solche Mission stellen. Ich selbst würde es vorziehen, meine Karriere auf die Forschung zu konzentrieren, als noch einmal den Spießrutenlauf von Anträgen und Ablehnungen mitzumachen, bis dann endlich die Mission im Rahmen des ‚Discovery-Programms' verwirklicht werden kann. Aber ich würde sicher nicht zögern, andere bei dem Antragsprozedere für eine zweite GRAIL-Mission zu unterstützen, die dann einen anderen Planeten erkunden kann."

Dieser Artikel basiert auf dem Blogbeitrag „Isostasy, gravity, and the Moon: an explainer of the first results of the GRAIL mission" vom 11. Dezember 2012, www.planetary.org/blogs/emily-lakdawalla/2012/12110923-grailresults.html

Literatur

Andrews-Hanna, J. c. et al.: Ancient Igneous Intrusions and Early Expansion Revealed by GRAIL Gravity Gradiometry. In: Science 339, S. 675–678, 2013

Wieczorek, M. A. et al.: The Crust of the Moon as seen by GRAIL. In: Science 339, S. 671–675, 2013

Zuber, M. T. et al.: Gravity Field of the Moon from the Gravity Recovery and Interior Laboratory (GRAIL) Mission. In: Science 339, S. 668 – 671, 2013

Emily Lakdawalla studierte Geologie am Amherst College und erhielt ihren Master of Science in planetarer Geologie an der Brown University. Seit 2001 arbeitet sie bei der Planetary Society in Pasadena, Kalifornien. Sie ist durch ihre zahlreichen Publikationen zu Themen der Planetologie und Weltraumforschung in Zeitschriften und im Internet weltweit bekannt.

Das heiße Herz des alten Mondes

Tilmann Althaus

Das Innere des Mondes ist offenbar nicht völlig ausgekühlt und erstarrt. Durch Gezeitenreibung mit der Erde wird das tiefe Innere so heiß, dass es teilweise geschmolzen ist.

Im Allgemeinen gilt unser Mond als ein Musterbeispiel einer geologischen Museumswelt ohne jegliche innere Aktivität. Die Oberfläche unseres Trabanten, sieht man einmal von den Einschlägen von Asteroiden und Kometen ab, hat sich seit mehr als drei Milliarden Jahren kaum mehr verändert. Somit wird der Mond als geologisch tot angesehen. Als kleiner Himmelskörper verlor er sehr viel rascher die Wärme aus seiner Entstehung vor rund 4,5 Mrd. Jahren als die mehr als 81-mal so massereiche Erde. Nun fand eine Forschergruppe um Yuji Harada von der China University of Geosciences in Wuhan anhand von Messungen und numerischen Simulationen heraus, dass zumindest das tiefe Innere unseres Erdtrabanten nicht so tot ist wie bislang angenommen [1].

Die Forscher schließen aus ihren Untersuchungen auf eine teilweise geschmolzene Gesteinsschicht in den tiefsten Lagen des Mondmantels in einer Tiefe von 1240 km unterhalb der Mondoberfläche, die von seinem Zentrum rund 1738 km entfernt ist. Diese tiefe Schicht enthält zumindest einige Prozent an Gesteinsschmelze und umgibt den flüssigen äußeren Kern des Mondes, der aus einer Legierung von Eisen und Nickel besteht.

T. Althaus (✉)
Redakteur bei »Sterne und Weltraum«, Heidelberg, Deutschland

K. Urban (Hrsg.), *Der Mond*, https://doi.org/10.1007/978-3-662-60282-9_8

Die flüssige Schicht ist etwa 80 km dick, darunter schließt sich der feste innere Kern an, der ebenfalls aus metallischem Eisen und Nickel besteht. Mit einem Durchmesser von nur 440 km hat der Mond nur einen ausgesprochen kleinen Eisenkern. Zum Vergleich: Der metallische Erdkern hat etwa den Durchmesser des Mars und enthält etwa ein Drittel der Erdmasse beziehungsweise die 27-fache Masse des Mondes.

Um diesen aufgeschmolzenen Schichten im Inneren des Mondes auf die Schliche zu kommen, nutzten die Forscher um Harada präzise Messdaten der Umlaufbahnen der japanischen Mondsonde Kaguya, des chinesischen Mondorbiters Chang'e-1 und den beiden US-Sonden Lunar Reconnaissance Orbiter und GRAIL. Aus den Bahndaten der Umläufe dieser Sonden um den Mond lassen sich die geringen Verformungen des Mondes bei seinen Umlauf um die Erde nachweisen. Dabei wirkt die Schwerkraft unseres Planeten auf den Mond ein. Die Mondbahn ist etwas elliptisch, und der Abstand des Erdtrabanten zu uns variiert deswegen um etwa 45 000 km. Durch die unterschiedlichen Abstände ändert sich die Stärke der auf den Mond einwirkenden Erdschwerkraft. Der Mond rotiert mit einer konstanten Umdrehungsgeschwindigkeit um seine Achse, so dass bei seinen Umläufen die durch die Erde erzeugten Gezeitenberge etwas hin- und herwandern. Dabei wird in den Gesteinen im Inneren des festen Mondes Wärme durch Reibung erzeugt – dieser Vorgang heißt Gezeitenreibung.

Die Forscher um Harada nutzten die aus den Bahndaten ermittelten Verformungen in numerischen Simulationen des Mondinneren. Dabei griffen sie auch auf die Messdaten der Seismometer zurück, die in den späten 1960er bis frühen 1970er Jahren von den Astronauten der Apollomissionen auf dem Erdtrabanten aufgestellt wurden. Neuere Auswertungen der von ihnen zurückgefunkten Messdaten hatten schon darauf hingewiesen, dass es im tiefen Inneren des Mondes Bereiche gibt, an denen die Geschwindigkeiten der Erdbebenwellen abnehmen. Dies zeigt sich besonders deutlich bei den so genannten S- oder Scherwellen, die nur in Festkörpern weitergeleitet werden, in Flüssigkeiten gar nicht. Schon wenige Prozent einer Gesteinsschmelze senken daher deutlich die Wellengeschwindigkeit. Im flüssigen äußeren Kern des Mondes werden die S-Wellen überhaupt nicht weitergeleitet.

Schon früher war über eine Aufheizung des Mondes durch Gezeitenreibung durch die Erde nachgedacht worden. Diese Untersuchungen zeigten jedoch, dass die Reibungsenergie durch die Gezeiten nicht ausreicht, das gesamte Mondinnere signifikant aufzuheizen, wie etwa beim Jupitermond Io. Dieser Jupitertrabant ist in seinem Inneren so extrem heiß, dass der komplette Mond weit gehend aufgeschmolzen vorliegt und es an seiner

Oberfläche ständig zu Vulkanausbrüchen kommt. Geht man aber, wie es die Simulationen von Harada und seinen Koautoren nahelegen, davon aus, dass sich die Gezeitenreibung auf den untersten Teil des Mondmantels beschränkt, dann reicht die dabei erzeugte Wärme aus, um ihn zumindest teilweise aufzuschmelzen. Diese Wärme hält auch den äußersten Bereich des Mondkerns warm, so dass er nach wie vor flüssig ist.

Frühere numerische Simulationen konnten die mit Raumsonden beobachteten Verformungen des Mondes nicht reproduzieren. Die jetzt vorgestellten Ergebnisse über den Aufbau und den Zustand des Mondinneren passen nun gut mit den Beobachtungen zusammen. Somit ist unser Mond also nicht völlig tot und hat noch ein warmes Herz.

Erschienen am 12. August 2014 auf Spektrum.de

Literatur

Harada, Y. et al.: Strong tidal heating in an ultralow-viscosity zone at the core–mantle boundary of the Moon. Nature Geoscience. https://doi.org/10.1038/ngeo2211 (2014)

Erdmond und Vesta durchlebten ähnliche Geschichte

Tilmann Althaus

Der Erdmond und der Planetoid Vesta wurden in der Frühzeit des Sonnensystems vor rund vier Milliarden Jahren von ähnlichen Himmelskörpern getroffen, die sich mit hohen Geschwindigkeiten durch das Sonnensystem bewegten.

Einschläge von Planetoiden und Kometen waren im frühen Sonnensystem vor vier Milliarden Jahren weit verbreitet und sehr viel häufiger als heute. Insbesondere die Oberflächen der atmosphärelosen kleineren Himmelskörper wie der Erdmond oder der Planetoid Vesta haben an ihrer Oberfläche einen großen Teil ihrer Frühgeschichte konserviert, da auf ihnen kaum Verwitterung stattfindet. Nun deuten Untersuchungen eines Forscherteams um Simone Marchi am NASA Lunar Science Institute in Boulder, Colorado, darauf hin, dass beide Himmelskörper in der Vergangenheit auch von ganz ähnlichen Projektilen getroffen wurden [1].

Bei ihren Untersuchungen griffen die Planetenforscher auf die HED-Meteoriten zurück, die nach derzeitigem Wissensstand mit hoher Wahrscheinlichkeit Bruchstücke des Planetoiden (4) Vesta sind. HED steht für die Meteoritenklassen der Howardite, Eukrite und Diogenite. Es sind magmatische Gesteine, die irdischen Basalten und Bruchstücken des Erdmantels ähneln. Sie konnten nur auf einem Himmelskörper entstehen, der kurz nach seiner Bildung vor rund 4,6 Mrd. Jahren so heiß war, dass sein

T. Althaus (✉)
Redakteur bei »Sterne und Weltraum«, Heidelberg, Deutschland

K. Urban (Hrsg.), *Der Mond*, https://doi.org/10.1007/978-3-662-60282-9_9

Gesteinsmaterial zu einem großen Teil aufschmolz. Derzeit sind insgesamt mehrere 100 HED-Meteorite auf der Erde bekannt, deren Gesamtmasse 1332 kg beträgt.

Marchi und ihre Kollegen bestimmten mittels Massenspektrometrie die Argon-Argon-Alter der HED-Meteorite. Sie stellten fest, dass sie ähnlich wie die Proben vom Erdmond eine Häufung um vier Milliarden Jahre aufweisen. Dieser radiometrisch ermittelte Wert gibt an, wann die jeweiligen Gesteine zuletzt durch einen Einschlag auf Vesta so stark erhitzt wurden, dass sie den größten Teil des in ihnen enthaltenen Edelgasisotops Argon-40 durch Ausgasen verloren haben. Dies lässt sich auch als ein Stellen der radiometrischen Uhr eines Gesteins bezeichnen.

Argon-40 entsteht durch den radioaktiven Zerfall des in den Gesteinen enthaltenen natürlichen Kaliumisotops Kalium-40. Es reichert sich über die Zeit hinweg in den Gesteinen an und kann durch Erhitzen in einem Ultrahochvakuumofen freigesetzt und einem Massenspektrometer zugeführt werden. Das gleichzeitig gemessene Isotop Argon-39 ist künstlich und wird im Gestein durch die Bestrahlung mit Neutronen in einem Kernreaktor erzeugt. Es bildet sich aus dem in den Mineralen vorhandenen Kalium-39 und ist ein Maß für den Gesamtgehalt an Kalium und somit der ursprünglichen Menge des radioaktiven Kalium-40 in der Probe. Aus den Messungen im Massenspektrometer lässt sich dann ein Argon-40/Argon-39-Isotopenverhältnis ableiten, das Auskunft über das Alter der Gesteinsprobe gibt.

Die mit der Argon-Argon-Methode bestimmten Alter der HED-Meteoriten werden von den Forschern um Marchi dahingehend interpretiert, dass sie durch Einschläge auf Vesta entstanden sind, die Kollisionsgeschwindigkeiten von mehr als zehn Kilometern pro Sekunde aufwiesen. Sie waren so energiereich, dass sie die radiometrische Uhr der Gesteinen neu stellten. Dagegen liegen die mittleren Aufprallgeschwindigkeiten bei Kollisionen im Asteroidengürtel mit einem Mittelwert um fünf Kilometer pro Sekunde beträchtlich niedriger und heizen die Gesteine deutlich weniger auf. Woher kamen aber nun diese Himmelskörper, die Vesta so unter Beschuss nahmen?

Die meisten Planetenforscher gehen davon aus, dass vor rund vier Milliarden Jahren eine Art „Großreinemachen" im Sonnensystem stattfand. Dabei stürzte in der relativ kurzen Zeit von einigen 100 Millionen Jahren ein Großteil der noch verbliebenen kleineren Himmelskörper auf die Planeten und ihre Monde. Sie schlugen dabei die meisten der noch heute sichtbaren Krater in ihre Oberflächen.

Als Ursache für den starken Anstieg der Einschlagraten wird vermutet, dass die beiden Riesenplaneten Jupiter und Saturn, die sich nach ihrer Entstehung dichter an der Sonne befanden als heute, nach außen wanderten.

Sie standen in gravitativer Wechselwirkung untereinander und den noch verbliebenen Kleinkörpern, so dass sie sich allmählich durch Gezeitenwirkungen von der Sonne entfernten. Ein großer Teil der kleinen Himmelskörper in ihrem Umfeld wurde dabei sowohl nach innen in Richtung Sonne als auch nach außen geschleudert. Erstere befanden sich danach auf exzentrischen Hochgeschwindigkeitsbahnen, welche die Orbits der erdähnlichen Planeten und der Himmelskörper im Asteroidengürtel kreuzten. Bei einer Kollision schlugen sie mit großer Wucht auf und erhitzten die getroffenen Gesteine stark.

Die Forscher um Marchi verglichen die ermittelten Kollisionsalter der HED-Metoriten mit denjenigen vom Erdmond, die an den Gesteinen der Apollo-Mondmissionen ermittelt wurden. Es zeigte sich eine gute Übereinstimmung in der zeitlichen Verteilung der Einschläge, ein Hinweis darauf, dass sowohl Vesta als auch der Erdmond von den gleichen Himmelskörpern getroffen wurden. Damit untermauert die Arbeit von Marchi und ihren Koautoren die Vorstellungen von einer Migration der beiden Gasriesen Jupiter und Saturn in der Jugend des Sonnensystems.

Erschienen am 27. März 2013 auf Spektrum.de.

Literatur

1. Marchi, S. et al.: High-velocity collisions from the lunar cataclysm recorded in asteroidal meteorites. Nature Geoscience. http://dx.doi.org/10.1038/ngeo1769 (2013)

Astronomen ziehen mondwärts

Karl Urban

Schon immer suchen Astronomen Orte fern der Zivilisation, um ungestört das Universum zu beobachten. Schon bald steht der nächste große Schritt auf die Rückseite des Mondes an.

Eigentlich sind Teleskope auf dem Mond nicht neu: Die Astronauten John Young und Charles Duke errichteten ein Teleskop mit einem 7,5 cm großen Spiegel, mit dem sie Aufnahmen von Sternenhaufen, Gasnebeln und der Großen Magellanschen Wolke auf Fotoplatten brachten. Doch das Ende des Apollo-Programms sowie das beginnende Zeitalter der um die Erde kreisenden Teleskope beendete diese kurze Episode lunarer Astronomie. Dabei blieb der Mond für viele Forscher der nächste logische Schritt, bis heute.

In den letzten Jahrhunderten wanderten Teleskope immer höher hinaus, weg von dem Streulicht der Städte, weg von Straßen, Autos und allen anderen menschlichen Strahlungsquellen. Die weltgrößten Teleskope stehen heute in den ungastlichsten Gegenden der Erde: in den trockensten Wüsten, auf kilometerhohen Vulkanbergen oder in der Antarktis. Aber noch immer sind nicht alle Störquellen ausgeschaltet, neben der Atmosphäre ist das der Strahlungsgürtel der Erde, der beständig störende Radiosignale aussendet und so einen Teil der kosmischen Signale blockiert.

Astronomische Beobachtungen auf dem Mond sind seit Jahrzehnten für viele Astronomen ein Traum, der derzeit so realistisch erscheint wie lange

K. Urban (✉)
Freier Journalist, Tübingen, Deutschland
E-Mail: urban@die-fachwerkstatt.de

K. Urban (Hrsg.), *Der Mond*, https://doi.org/10.1007/978-3-662-60282-9_10

nicht mehr. Denn fast alle Raumfahrtmächte fokussieren sich derzeit wieder auf den Erdtrabanten. Allein in den letzten zehn Jahren starteten zehn Raumsonden aus vier Ländern zu ihm. 2013 landete mit dem chinesischen Jadehase der erste robotische Mondrover seit vier Jahrzehnten. Derweil werden die Mondpläne immer ambitionierter: Die NASA plant eine Raumstation im Mondorbit, der ESA-Chef spricht von einem Dorf und chinesische Forscher von einer Mondbasis. Es scheint daher fast schon sicher: Schon bald werden wieder Menschen auf dem Mond landen.

Viele Astronomen beobachten diese Entwicklungen mit Wohlwollen, hatten Raumfahrtagenturen den Mond doch nach 1972 weitgehend links liegen gelassen. Doch sie beobachten auch eine Parallele zu den 1960er Jahren, als der Flug zum Mond zunächst vor allem politisch motiviert wurde: „Diese Initiativen [zum Mond zurückzukehren] sind eher technisch und ökonomisch als wissenschaftlich", schreibt der US-Astronom Joseph Silk im Januar 2018 in einem Kommentar [1] beim Magazin Nature. „Wenn wir nicht heute damit anfangen, wird dabei ein wichtiges Detail fehlen – ein lunares Teleskop, das dazu geeignet wäre, eine der wichtigsten Fragen der Menschheit zu beantworten: Was sind unsere kosmischen Ursprünge?"

Lücke im Lebenslauf des Universums

Joseph Silk klingt geradezu euphorisch: Die Mondrückseite sei der beste Ort des inneren Sonnensystems für niederfrequente Radiosignale. Es sei der einzige Ort, um bestimmte Fingerabdrücke des Urknalls überhaupt nachweisen zu können. Es geht um Radiosignale bei 21 cm, die für eine entscheidende Epoche des jungen Universums stehen. Vor 13,76 Mrd. Jahren nämlich – 380.000 Jahre nach dem Urknall – bildeten sich aus Protonen und Elektronen die ersten neutralen Atome und das Universum wurde durchsichtig. Dieses Ereignis dokumentiert die kosmische Hintergrundstrahlung, die messbar ist. Über die Zeit danach wissen die Forscher dagegen bis heute fast nichts: Erst einige hundert Jahrmillionen später entstanden die ersten Sterne, von denen die hellsten wohl neue sensitive Instrumente wie das 2019 startende James Webb-Teleskop auflösen könnte. „Davor haben wir eine Lücke im Lebenslauf des Universums", sagt Heino Falcke von der Radboud Universität Nijmengen in den Niederlanden.

Heino Falcke gehört zu den Treibern einer neuen lunaren Radioastronomie. Er setzte sich für ein radioastronomisches Instrument an Bord eines geplanten europäischen Mondlanders ein – und gab auch nach dessen Streichung nicht auf. Dieser Tage macht sich ein von seiner Gruppe mitentwickeltes Instrument stattdessen auf den Weg nach China, wo es mit einer Raumsonde verbunden wird. Diese wird im Mai starten und als Relaissatellit für die nächste chinesische Mondlandung der Sonde Chang'e 4 Ende 2018 fungieren, aber gleichzeitig das erste radioastronomische Instrument zum Mond bringen. Für Falcke ist es kaum mehr als ein erster Schritt: „Wir wollen ausprobieren, ob wir auf der Mondrückseite gute Messwerte bekommen können", sagt der Radioastronom.

Die nächsten Schritte zu einem lunaren Radioteleskop wären anspruchsvoller: Falcke und seine Kollegen würden am liebsten tausende oder sogar Millionen kleine Messantennen im Regolith auf der Mondrückseite platzieren. Ein solches Messnetzwerk würde ähnlich wie das Low Frequency Array (LOFAR) funktionieren, das mit über tausend Messstationen in ganz Europa seit 2010 das größte Radioteleskop der Erde ist. Diese Messantennen sind simpel: „Sie bestehen eigentlich nur aus drei Drähten mit ein bisschen Elektronik dazwischen", sagt Falcke. Prinzipiell sei es daher möglich, viele winzige LOFAR-Antennen einfach auf der Mondrückseite abzuwerfen. Allerdings müssten die Signale dieser Antennen zusammengeführt, verarbeitet und zur Erde übertragen werden. Daher hätten die Forscher auch nichts gegen Menschen vor Ort, die gelegentlich Wartungsarbeiten vornehmen.

Kalte Teleskope

Längst gibt es noch andere Ideen, den Mond für astronomische Forschung zu nutzen, etwa mit einem natürlich gekühlten Infrarotteleskop. Ein großer Teil der Infrarotstrahlung nämlich wird von der Erdatmosphäre blockiert, Weltraumteleskope im Erdorbit aber müssen aufwendig gekühlt werden, wobei das Kühlmittel Helium wie beim Infrarotteleskop der ESA Herschel nach vier Jahren aufgebraucht ist. Stattdessen sollte man diese Teleskope „in permanent beschattete Krater nahe des Mondsüdpols errichten", schlägt Joseph Silk vor. „Denn hier wurden Temperaturen von nur 30 Kelvin gemessen."

Zusätzlich böte sich der Mond auch für Teleskope im sichtbaren Licht, im ultravioletten oder für sogenannte Submillimeterwellen an, die für gute Resultate aber ähnlich wie moderne irdische Teleskope miteinander gekoppelt werden müssten. Die Technik namens Interferometrie ist bei irdischen Teleskopen gut erprobt, erfordert aber die exakte Überlagerung des aufgefangenen Lichtes. „Für solche interferometrische Beobachtungen ist fester Grund entscheidend", sagt Heino Falcke, „was wohl auch der Grund dafür ist, warum uns das bislang nur auf der Erde gelungen ist." Der Mond böte diesen festen Grund.

Auf dem Erdtrabanten wären mit Flüssigteleskopen sogar exotische Teleskopformen möglich, die den Transport geschliffener Riesenspiegel unnötig machen würden: Versetzt man nämlich eine spiegelnde Flüssigkeit in Rotation, entsteht wie von selbst eine gebogene Spiegeloberfläche. Eine Handvoll solcher Flüssigteleskope arbeiten weltweit auf der Basis von Quecksilber. Sie sind vor allem dadurch beschränkt, dass das Quecksilber an ihrem äußeren Rand schneller an der umgebenden Luft reibt als im Zentrum, wodurch die flüssige Oberfläche kräuselt und das Bild verfälscht. Im Vakuum bestünde diese Beschränkung nicht. Daher gibt es Ideen, hundert Meter große Spiegelteleskope auf dem Mond zu errichten. Erste Experimente mit Flüssigsalzen, die mit spiegelnden Metallen versetzt waren, verliefen vor einigen Jahren vielversprechend [2].

Technische Fragen

Derweil sind längst noch nicht alle technischen Probleme gelöst. Dazu gehört zunächst der extreme Tag-Nacht-Rhythmus auf dem Mond: Zwei Wochen im Sonnenschein muss hier arbeitendes Gerät ebenso vertragen wie zwei Wochen in absoluter Dunkelheit. Die ständig beschatteten Südpolkrater mögen für astronomische Beobachtungen günstiger erscheinen, aber irgendwie müssten die Geräte hier dennoch dauerhaft mit elektrischer und teilweise auch mit Heizwärme versorgt werden.

Dazu ist bis heute nicht völlig klar, ob der Mond wirklich astronomisch ideale Bedingungen bietet: Die Apollo-Astronauten hatten erlebt, dass der Mondstaub an allem haften bleibt, wozu auch Linsen, feste Spiegel und elektronische Sensoren der Teleskope gehören würden. Denn der Staub ist durch seinen Eisenanteil elektrisch geladen und kann durch die Sonneneinstrahlung auch emporgeschleudert werden. Zuletzt könnten selbst Radioteleskope auf der Mondrückseite noch gestört werden, wenn in Zeiten schwacher Sonnenaktivität vermehrt kosmische Störstrahlung ins innere Sonnensystem vordringt.

Doch hat es letztlich vor allem eine praktische Ursache, warum bis heute auf dem Mond keine Teleskope stehen: In einer Studie [3] über das wissenschaftliche Potential verschiedener Forschungsdisziplinen auf dem Mond schnitt die Astronomie gegenüber die Geologie oder möglichen biologischen und medizinischen Versuchen eher mittelmäßig ab. Das Fazit der Studie: Die dortigen astronomischen Möglichkeiten würden die Rückkehr des

Menschen zum Mond wohl begünstigen, „aber sicher nicht vorantreiben." Der Aufruf von Joseph Silk greift diese Kritik auf: Die Astronomen müssten klarer formulieren, welches wissenschaftliches Potential sich in ihrem Feld bietet.

Auch Heino Falcke ist klar, dass die Astronomen eher die Rolle wissenschaftlicher Trittbrettfahrer einnehmen dürften. Denn dass auf dem Mond schon bald eine Infrastruktur für hier arbeitende Menschen installiert wird, ist unstrittig. „Das ist wie eine Autobahn, die wirtschaftliche Entwicklung in ländlichen Regionen möglich macht", sagt Heino Falcke. Sendeantennen, lokale Rechner und vor allem ausgebildete Techniker sind die Voraussetzung, nebenbei auch die Ideen der Astronomen zu verwirklichen.

Zumindest für den Radioastronomen Falcke ist daher klar, dass der nächste Schritt der Mond ist: Seine Zunft beobachtet kosmische Radioobjekte, die schon von einem Mobiltelefon und sogar einer Küchenmikrowelle überstrahlt werden können. „Wenn wir wirklich ungestört messen wollen, müssen wir schon tief hinein ins australische Outback ziehen", sagt Heino Falcke. „Aber auch da ist man vor Satelliten und Flugzeugen nicht sicher." Daher gab es schon vor Jahrzehnten erfolgreiche Lobbyarbeit der Radioastronomen: 2003 verordnete die Internationale Telekommunikations-Union der erdabgewandten Mondseite eine Schutzzone, um die Arbeit zukünftiger Generationen von Radioastronomen hier nicht zu behindern.

Erschienen am 29.3.2018 auf Spektrum.de

Literatur

1. Silk, J.: Put telescopes on the far side of the Moon. Nature, http://dx.doi.org/10.1038/d41586-017-08941-8 (2018)
2. Borra, E. et al.: Deposition of metal films on an ionic liquid as a basis for a lunar telescope. Nature. http://dx.doi.org/10.1038/nature05909 (2007)
3. Crawford, I. A. et al.: Back to the Moon: The Scientific Rationale for Resuming Lunar Surface Exploration. Planetary and Space Science, https://arxiv.org/abs/1206.0749 (2012)

Extrasolare Monde – schöne neue Welten?

René Heller

Während mittlerweile rund 1000 Planeten außerhalb des Sonnensystems gefunden wurden, steht der Nachweis von extrasolaren Monden noch aus. Aktuelle Studien zeigen, dass dies mit der heutigen Technologie zum ersten Mal möglich ist.

In Kürze

- Exomonde sind Trabanten in einer Umlaufbahn um einen Exoplaneten.
- Wegen der Bestrahlung durch zwei Lichtquellen, Stern und Planet, unterliegen Exomonde komplizierten Lichtwechseln.
- Mars- und erdgroße Exomonde könnten möglicherweise vorkommen, sind aber vermutlich selten.

Der Nachweis von Trabanten um extrasolare Planeten, so genannte Exomonde, ist in greifbare Nähe gerückt, insbesondere durch das Weltraumteleskop Kepler. Angesichts des schwierigen Unterfangens stellen sich berechtigte Fragen danach, was wir überhaupt über Exomonde lernen können. Welche Beobachtungsgrößen gibt es und auf welche Eigenschaften dieser Himmelskörper werden sie uns schließen lassen?

Noch bevor auch nur eines dieser Objekte gefunden ist, wissen wir bereits, dass sich diese Welten grundsätzlich unterscheiden werden von den zahlreichen bisher entdeckten Exoplaneten. Ihr Tag-und-Nacht-Muster

R. Heller (✉)
McMaster University in Hamilton, Hamilton, Kanada

K. Urban (Hrsg.), *Der Mond*, https://doi.org/10.1007/978-3-662-60282-9_11

unterscheidet sich von dem auf Planeten durch das Wechselspiel von planetarer und stellarer Bestrahlung mit Bedeckungen des Sterns durch den Planeten. Sowohl das planetare Licht als auch die Verfinsterungen haben Auswirkungen auf das Klima eines Trabanten. Darüber hinaus werden die Monde durch Gezeiteneffekte gebunden rotieren, sie wenden wie alle größeren Monde des Sonnensystems ihrem Mutterkörper stets die gleiche Seite zu.

Bei massearmen Sternen gilt dies auch für erdähnliche Planeten, denn dort befindet sich die lebensfreundliche oder habitable Zone sehr nahe am Zentralgestirn. Die vom Stern erzeugten Gezeiten im Planeten führen ebenfalls zu einer gebundenen Rotation. In der Folge ist eine Seite des Planeten ständig dem Sternenlicht ausgesetzt, während die andere in der ewigen Dunkelheit liegt. Die dem Stern zugewandte Seite ist demnach sehr heiß, während die Nachtseite eisig kalt ist. Allerdings kann eine dichte Atmosphäre für einen Temperaturausgleich sorgen. Die lebensfreundlichsten Bedingungen herrschen dabei in der Dämmerungszone am Übergang zwischen beiden Hemisphären, wenn es auch starke Ausgleichsstürme geben muss. Für Monde um solche Planeten erwartet man hingegen einen Tag-Nacht-Rhythmus der stellaren Bestrahlung, da sie nicht an den Stern, sondern an den Planeten gekoppelt sind.

Achsenneigung verursacht Jahreszeiten

Ähnlich wie beim Saturnmond Titan ruft eine deutliche Achsenneigung des Planeten außerdem Jahreszeiten auf den Monden hervor, sofern diese den Mutterkörper am Äquator umrunden. Diese Effekte könnten sich auf die Stabilität eventueller Atmosphären von Exomonden positiv auswirken und ihnen gegenüber erdähnlichen Exoplaneten sogar Vorteile bringen. In den engen Bahnen eines natürlichen Satelliten um seinen Planeten spielt darüber hinaus die Gezeitenheizung eine entscheidende Rolle für das Klima des Mondes, seine mögliche Plattentektonik und Vulkanismus. Außerdem lassen sich je nachdem, ob ein Satellit einen Gasplaneten oder einen erdähnlichen Planeten umrundet, bestimmte Entstehungsszenarien und somit materielle Zusammensetzungen annehmen oder verwerfen.

Angesichts der derzeit mehr als 3548 Planetenkandidaten in den Kepler-Daten, von denen sich mehr als 100 Objekte von Neptun- bis Jupitergröße in der lebensfreundlichen Zone befinden, erleben wir mit den Studien zur Physik von Exomonden gerade die Geburt eines neuen Forschungszweigs.

Die Entstehung von Monden

Zunächst sollten wir uns darüber im Klaren sein, dass selbst die massereichsten Monde im Sonnensystem, der Jupitermond Ganymed und Saturns Begleiter Titan, im Vergleich zur Erde Leichtgewichte sind: Ihre Massen erreichen nur den vierzigsten Teil der Erdmasse. Monde, die sich in den Messdaten von Kepler in absehbarer Zeit nachweisen lassen könnten, müssten jedoch mindestens ein Viertel der Erdmasse aufweisen, also um mindestens den Faktor zehn massereicher sein als Ganymed. Die Forscher suchen somit nach etwas, das wir aus unserem Sonnensystem nicht kennen.

Basierend auf den Bahnparametern, teilen die Astronomen die Trabanten im Sonnensystem in zwei Klassen ein: reguläre und irreguläre Monde. Erstere weisen fast kreisrunde, meist enge Umlaufbahnen auf. Sie umrunden den Planeten in seiner Äquatorebene und zwar in der gleichen Richtung wie sich der Planet dreht. Die Forscher gehen davon aus, dass sie sich direkt beim Planeten in einer zirkumplanetaren Scheibe aus Eis und Gestein bildeten. Die meisten der irregulären Monde hingegen sind wahrscheinlich eingefangen worden. Das bekannteste Beispiel hierfür ist der größte Neptunmond Triton (siehe Bild S. 78). Seine Bahn ist um 157 Grad gegen den Neptunäquator geneigt, er umläuft den Gasplaneten also retrograd (rückläufig).

Massereiche Trabanten sind selten

Gegen das Vorkommen von massereichen, regulären Exomonden sprechen die Ergebnisse von zwei internationalen Forschergruppen aus Boulder und Tokio aus den vergangenen Jahren. Die Gruppe in Boulder fand in ihren theoretischen Untersuchungen, dass die Masse der für die Bildung von Monden zur Verfügung stehenden Materie um Gasplaneten ungefähr ein Fünftausendstel der Planetenmasse ausmacht. Diesem Anteil entsprechen beispielsweise die Summe der Massen der vier Galileischen Monde im Vergleich zur Jupitermasse und Titans Masse relativ zu Saturn. Auf der Suche nach einem Mond mit der Masse des Mars müsste man also Planeten untersuchen, die mindestens die doppelte Jupitermasse besitzen. Monde mit Erdmasse hätten bereits Mutterkörper mit der Masse eines Braunen Zwergs.

Verantwortlich für diese Massenbarriere während der Entstehung ist nach Ansicht der Forscher aus Boulder die Konkurrenz zweier Prozesse: Während aus der zirkumstellaren Scheibe Materie auf den Gasplaneten einfällt, wodurch auch der Trabant wächst, werden die massereichsten Monde von der

Reibung mit dem Gas in der Scheibe in immer engere Bahnen um den Planeten getrieben. Schließlich zerreißen sie unter den enormen Gezeitenkräften, und ihre Trümmer regnen zumindest teilweise auf den Planeten herab.

In einer Erweiterung dieser Theorie wies die Tokioter Gruppe allerdings nach, dass auch marsgroße Monde um jupiterähnliche Planeten entstehen können. Sogar Satelliten mit der Masse der Erde könnten vorkommen, seien aber äußerst selten. Zahlreiche weitere Untersuchungen befassen sich mit der Frage, ob Objekte von Mars- bis Erdmasse durch Einfangen in stabile Bahnen um Gasplaneten gelangen könnten. Sie zeigen, dass solche Ereignisse durchaus möglich sind, vermögen aber nicht vorherzusagen, wie häufig sie sind. Die Frage nach den Wahrscheinlichkeiten wird wohl erst der Nachweis von Exomonden oder die erfolglose Suche nach ihnen beantworten.

Der Neptunmond Triton fällt als einziger große Mond im Sonnensystem in die Kategorie irregulärer Satellit – er umrundet seinen Mutterplaneten in einer Bahnebene, die gegen die Umlaufbahn stark geneigt ist. Die Bilder dieser Montage stammen von Voyager 2

Wie lassen sich Exomonde aufspüren?

Bisher gibt es keine bestätigte Beobachtung eines extrasolaren Mondes. Zum einen liegt das an der zu erwartenden Seltenheit dieser Objekte, zum anderen fehlten bis vor Kurzem die dafür erforderlichen Instrumente. Denn die zu beobachtenden Effekte sind nicht nur extrem selten, sondern auch so winzig, dass eine Suche nach Exomonden mit erdgebundenen Teleskopen um zufällig ausgewählte Planeten aussichtslos wäre. Durch den erfolgreichen Betrieb des Kepler-Teleskops von 2009 bis 2013 wurde diese Hürde just genommen. Nun begeben sich die Astronomen auf die Suche nach den möglicherweise in den bereits gesammelten Daten versteckten Hinweisen auf Exomonde.

Anfang 2012 begann ein Team um den Astrophysiker David Kipping vom Harvard-Smithsonian Center for Astrophysics die erste gezielte Suche nach Exomonden. Ihr Programm trägt den Namen „Hunt for Exomoons with Kepler", kurz HEK. In mehreren Forschungsarbeiten hatten Kipping und seine Koautoren zuvor die theoretischen Grundlagen für den Nachweis von Exomonden erarbeitet. Mit diesen und den Studien anderer Forscher kristallisierten sich mittlerweile mehrere Effekte heraus, die das Aufspüren erlauben. Einige von ihnen werden direkt durch einen Trabanten hervorgerufen, andere bestehen aus kleinen Abweichungen des Planeten von seiner Bahn. Beide Kategorien haben jedoch gemeinsam, dass sie nur für eine bestimmte Klasse von Planeten auftreten: die Transitplaneten. Diese ziehen von der Erde aus gesehen im Lauf ihrer Bahn um den Stern vor diesem vorbei und verdunkeln ihn dabei geringfügig. Da ein Planet während des Transits, also während wir seine unbeleuchtete Seite sehen, in guter Näherung schwarz ist im Vergleich zu seinem Stern, lässt sich die Stärke des Helligkeitsverlusts gut dadurch abschätzen, dass man die Fläche der Planetenscheibe mit der Fläche der Sternscheibe in Relation setzt.

Würden wir die Verdunklung der Sonne durch Jupiter betrachten, befänden wir uns also außerhalb der Jupiterbahn, so erlitte die Sonne eine Helligkeitseinbuße von ungefähr 0,988 %. Die Verdunklung durch die Erde betrüge nur 0,0084 %, also weniger als ein Zehntausendstel.

Mittlerweile sind rund 382 Transitplaneten in 292 Sternsystemen bekannt. Mehr als 3500 weitere Kepler-Kandidaten harren ihrer Bestätigung durch weiterführende Analysen der Messdaten oder durch unabhängige Beobachtungen. Die präzise Periodizität der Bedeckungen erlaubt den Einsatz von automatischen Nachweisprogrammen zur Suche nach Exoplaneten. Für den Fall, dass der Planet seinen Stern ohne Mond umkreist, und vorausgesetzt, dass die Bahnstörungen durch etwaige weitere Planeten gering sind, bleibt die Periode der Durchgänge konstant. Wird der Planet jedoch von einem Mond begleitet, so verursacht die gravitative Wechselwirkung ein Torkeln des Planeten, denn beide Körper umrunden dann ihren gemeinsamen Schwerpunkt. Die Auslenkung von diesem Massenzentrum erfolgt für die beiden Körper in entgegengesetzter Richtung und wird durch das Hebelgesetz

$$\frac{M_{\mathrm{P}}}{M_{\mathrm{M}}} = \frac{d_{\mathrm{M}}}{d_{\mathrm{P}}}$$

beschrieben. Dabei sind M_{P} und M_{m} jeweils die Masse des Planeten und des Mondes und d_{P} und d_{M} bezeichnen die Abstände der beiden Objekte vom Massenzentrum. Die Auslenkung des Planeten wird also typischerweise viel kleiner sein als diejenige seines Begleiters. Je nachdem, in welcher Konstellation von der Erde aus gesehen das Paar aus Planet und Mond vor dem Stern entlangzieht, wird der Planet mal in Richtung seiner Bewegung um den Stern ausgelenkt sein, mal in die entgegengesetzte Richtung. Im ersten Fall erfolgt der Durchgang etwas früher als im Durchschnitt, im zweiten Fall etwas später.

Diese Variationen betragen je nach den Massen- und Abstandsverhältnissen in dem Dreikörper-System aus Stern, Planet und Mond Sekundenbruchteile bis hin zu wenigen Minuten. Der englische Ausdruck für dieses Phänomen lautet „transit timing variation“ (TTV, siehe Kasten unten). Bereits Ende der 1990er Jahre wurde vorhergesagt, dass die Größe der zeitlichen Variation der Transitperiode proportional zur Mondmasse und der großen Halbachse der Mondumlaufbahn ist. Diese Abhängigkeit allein lässt also nicht eindeutig auf den jeweiligen Abstand zwischen Planet und Mond schließen. Hierfür wird eine weitere Beobachtungsgröße benötigt.

Im Rahmen seiner Doktorarbeit am University College London konnte David Kipping einen neuen Effekt ausfindig machen, die so genannte transit duration variation (TDV), also die Variation der Dauer des Planetentransits. Diese Schwankung kann zweierlei Ursprung haben: Zum einen variiert neben der Auslenkung auch die tangentiale Geschwindigkeitskomponente des Planeten. Je nachdem, in welche Richtung sich der Mond während des Durchgangs gerade um den Planeten bewegt, wird der Planet eine zusätzliche Geschwindigkeit in Richtung seiner Bahn um den Stern erfahren oder ein wenig langsamer vor der stellaren Scheibe entlang ziehen. Dadurch ist der Transit jeweils etwas kürzer oder länger als im Durchschnitt. Da die Variation der Geschwindigkeitsrichtung der Auslöser für diese Sorte von TDV ist, wird diese „TDV-V" abgekürzt, wobei das letzte „V" für „velocity", also die Geschwindigkeit steht.

Andererseits kann die Bahnebene des Trabanten um seinen Mutterkörper relativ zur Bahnebene der Planeten um den Stern gekippt sein. Dadurch erfährt der Planet während seiner Durchgänge eine Auslenkung aus der mittleren Bahnebene und zieht mal näher zur Mitte der Sternscheibe, mal eher am Rand der Sternscheibe entlang. Näher zur Mitte ist der Weg über die Sternscheibe länger, direkt in der Mitte entspricht er einfach dem Winkeldurchmesser des Sterns. Somit entsteht die so genannte „TDV-TIP", wobei der Suffix „TIP" für das englische „transit impact parameter" steht, also den Abstand des Planetentransits von der Sternmitte. Die Schwankungen der beiden TDV-Effekte liegen in der gleichen Größenordnung wie diejenige der TTV. Die kompletten mathematischen Ausdrücke enthalten die Masse des Planeten und des Sterns sowie die Umlaufperiode des Paars aus Planet und Mond um den Stern. Diese Parameter sind durch zeitlich hoch aufgelöste Spektrokopie allesamt zugänglich, so dass sich schließlich die Masse des Mondes sowie sein Abstand zum Planeten ableiten lassen.

Die bisher beschriebenen Effekte sind allesamt indirekter Natur: Nicht der Mond, sondern der Planet wird beobachtet und von ihm auf die Existenz des Mondes geschlossen. Natürlich ist es auch denkbar, dass sich ein Durchgang eines Mondes direkt beobachten lässt. Das Weltraumteleskop Kepler wurde zum Nachweis von erdgroßen Planeten gestartet und stieß bereits auf deutlich kleinere Objekte mit der Größe des Mars. Ein marsgroßer Mond, der um einen jupiterähnlichen Planeten kreist, wäre somit direkt zu entdecken (siehe Kasten auf der nächsten Seite). Bei einer solchen Beobachtung ließe sich der Mondradius ermitteln. Zusammen mit der Masse des Mondes ergäben sich seine mittlere Dichte und somit die Zusammensetzung.

Mehrere Untersuchungen der Heidelberger Forscherin Lisa Kaltenegger und ihrer Koautoren zeigen zudem, dass sich die spektralen Signaturen von Leben auf Exomonden, die so genannten Biomarker und Bioindikatoren – letztere können auch ohne Lebensprozesse produziert werden – mit den Weltraumteleskopen der nächsten Generation nachweisen lassen sollten. Hierzu zählen molekularer Sauerstoff (O_2), Ozon (O_3), Methan (CH_4) und Distickstoffmonoxid (N_2O, auch bekannt als Lachgas), Kohlendioxid (CO_2) und Wasserdampf (H_2O).

Die dafür notwendigen Messungen wären jedoch nur für Monde bei Planeten um Sterne der Spektralklasse M in unserer kosmischen Nachbarschaft möglich. Denn weil M-Sterne sehr leuchtschwach sind, müssen sie sich für eine ausreichende Lichtausbeute in geringer Entfernung zu uns befinden. Die lebensfreundliche Zone liegt sehr nahe am Stern, so dass ein Planet-Mond-Duett eine kurze Umlaufperiode aufweisen müsste. Somit könnten innerhalb weniger Erdjahre ausreichend viele Transite beobachtet werden, deren Signale sich aufsummieren ließen.

Durchgänge von Exomonden

Neben der Veränderung der Durchgangszeiten (TTV) des Planeten kann theoretisch auch der Durchgang des Mondes selbst vor der Sternenscheibe beobachtet werden. Eine solche Beobachtung wäre von enormem Wert für die Charakterisierung des Mondes, ließe sie doch Rückschlüsse auf den Radius des Mondes und so eventuell auf seine Dichte und Zusammensetzung zu. Das Weltraumteleskop Kepler sollte in der Lage sein, planetare Begleiter mit einem Radius des Mars oder der Erde zu entdecken. Die hier gezeigte Simulation stammt von dem am Harvard-Smithsonian Center for Astrophysics angesiedelten Projekt Hunt for Exomoons with Kepler (HEK), mit dem Astronomen nach genau solchen Exomond-Signaturen in den Kepler-Daten suchen. Die Schnappschüsse des Bahnverlaufs in den Abbildungen (1) bis (10) sind je nach einem weiteren Viertel der Umlaufdauer um den Stern aufgenommen. Durchgänge des Planeten ereignen sich in (2), (6) und (10), während der Mond auch in (2) und (10), nicht aber in (6) die Sternscheibe trifft.

Das Video „The Hunt for Exomoons" von Alex Parker zeigt die Bedeckungslichtkurve eines Exoplaneten mit seinem Exomond: http://goo.gl/6wrLvq

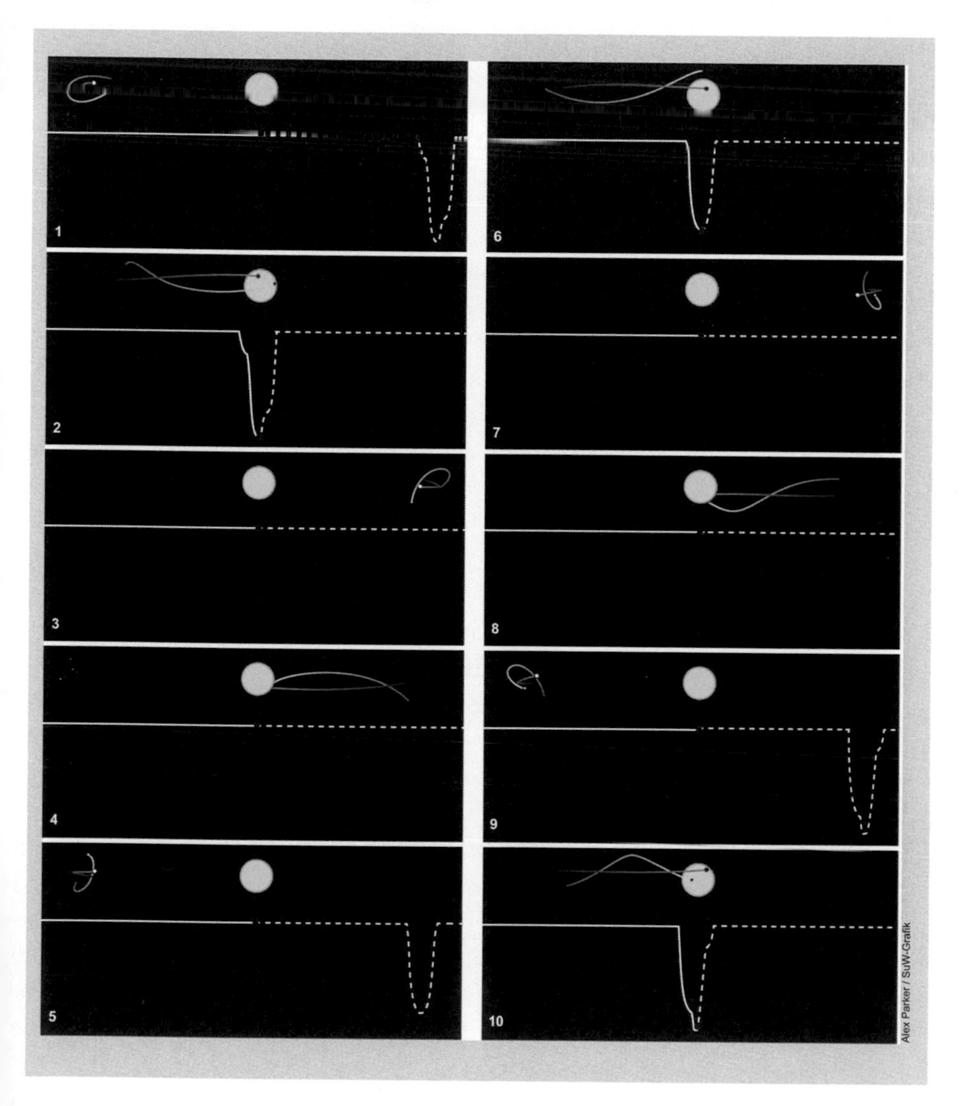

In den nächsten ein bis zwei Jahrzehnten wird die direkte spektroskopische Beobachtung von Exomonden noch nicht möglich sein. Dennoch können wir aus den oben aufgezählten Bahnparametern des Systems aus einem Stern, einem Planeten und einem Mond bereits eine Menge über die Bedingungen auf dieser Mondoberfläche folgern. Dabei gilt es verschiedene Effekte zu berücksichtigen.

Welten im Licht von stern und Planet

Ein wesentlicher Unterschied zwischen einem frei rotierenden erdgroßen Planeten und einem Mond gleicher Größe besteht darin, dass Letzterer von zwei bedeutendcn Lichtquellen beschienen wird. Auf der Erde, also auf einem Planeten stehend, kennen wir das umgekehrte Phänomen, dass wir in einer klaren Nacht bei Vollmond sogar lesen können. Man stelle sich vor, wie hell eine Nacht auf dem Jupitermond Europa sein mag, wenn um Mitternacht der gigantische Gasriese im Zenit steht! Obwohl weiter von der Sonne entfernt, leuchtet er am Himmel von Europa mit einer um bis zu 5 mag größeren Gesamthelligkeit als der Mond auf die Erde.

Mein Kollege Rory Barnes vom Astrobiology Institute der University of Washington in Seattle und ich haben uns daran gemacht, die Einstrahlungseffekte eines Planeten auf seine Monde zu ermitteln. Dabei haben wir sowohl das vom Planeten auf den Mond reflektierte Sternenlicht als auch die thermische Strahlung des Planeten berücksichtigt. Die durch Beobachtungen der großen Monde in unserem Sonnensystem und durch die Theorie der Gezeiten gerechtfertigte Prämisse unseres Modells ist, dass der Mond gebunden rotiert. Er wendet seinem Planeten also stets die gleiche Hemisphäre zu.

Unternehmen wir nun im Geist eine Reise auf solch einen Exomond, der einen Gasplaneten umrundet! Wir stellen uns vor, dass auf ihm gerade Mitternacht herrscht und dass wir am subplanetaren Punkt auf dem Mond stehen (siehe Kasten unten). Der Planet steht also genau im Zenit, während sich der Stern gerade unter unseren Füßen befindet, also auf der vom Planeten abgewandten Seite des Mondes. Stern, Mond und Planet bilden eine Linie. Zwar ist nach den Begriffen, wie wir sie auf der Erde verwenden, gerade Mitternacht, doch schauen wir hoch in den Zenit, so sehen wir die voll beleuchtete Scheibe des Planeten.

Je nachdem, wie weit unser Mond vom Planeten entfernt ist, welchen Radius der Planet besitzt und welchen Anteil des einfallenden Sternenlichts er reflektiert, wird die einfallende Strahlung eine Leistung zwischen ungefähr einem und hundert Watt pro Quadratmeter haben. Zum Vergleich: Die Sonne strahlt mit einer Leistung von rund 1400 W pro Quadratmeter auf die Erde, während der Vollmond ungefähr 0,01 W pro Quadratmeter auf die Erde reflektiert. Das reflektierte Licht eines Exoplaneten mit einer Leistung von einigen zehn Watt pro Quadratmeter kann also die Nacht buchstäblich zum Tag machen!

Zusätzlich zur Spiegelung des Sternenlichts gibt der Planet thermische Strahlung an den Mond ab. Unter der Annahme von realistischen Albedowerten stellten wir fest, dass ihr Beitrag um den Faktor zehn kleiner als das reflektierte Licht und damit meist vernachlässigbar ist. Die Bilder auf ggf. anpassen veranschaulichen die interessente Überlagerung von stellarer und planetarer Bestrahlung mit zwei Momentaufnahmen aus dem Sonnensystem. Auf dem subplanetaren Punkt des Saturnmonds Enceladus im linken Bild – markiert durch ein Oval – herrscht gerade Mitternacht.

Direkte und indirekte Beleuchtung

Beispiele für das knifflige Wechselspiel der Bestrahlung von Monden durch Stern und Planet finden wir auch in unserem Sonnensystem.

Das linke Bild zeigt den Saturnmond Enceladus. Er wird von links durch die Sonne beleuchtet und von rechts durch das Licht der an Saturn reflektierten Sonnenstrahlung. Man achte auf die unterschiedlichen Farben und Intensitäten. Die weiße Ellipse markiert den subplanetaren Punkt des Mondes – dort steht Saturn im Zenit. Das rechte Bild zeigt die Jupitermonde Europa (links) und Io. Auf der nördlichen Hemisphäre von Io speit ein Vulkan Materie aus. Während von links die Sonne leuchtet, erhellt Jupiter die dunklen Seiten – bei Io deutlich zu sehen. Die Monde sind rund 800.000 km voneinander entfernt und erscheinen nur in dieser Perspektive nahe beieinander.

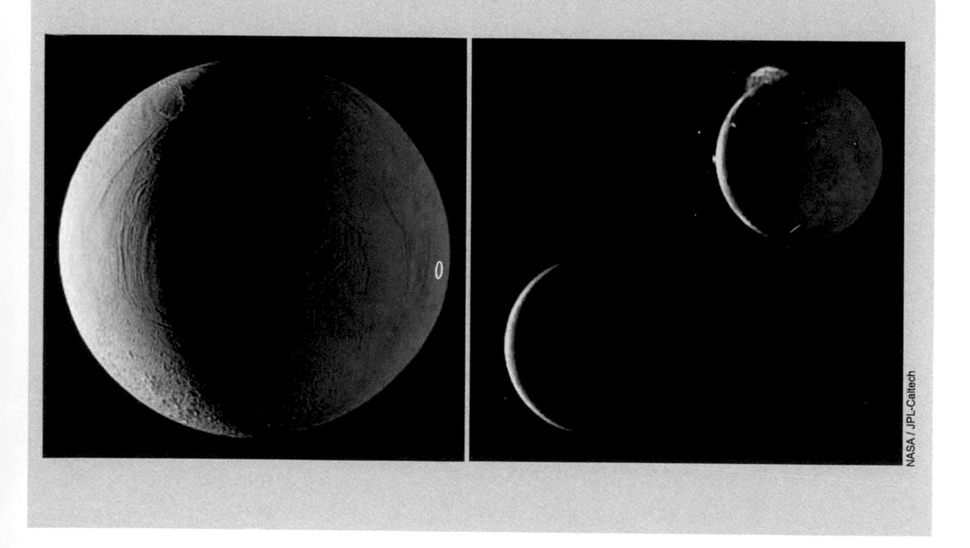

Noch seltsamer wird es, wenn wir nun versuchen, uns den Tagesablauf auf jenem Mond vorzustellen. Die Intensität der Einstrahlung vom Planeten hängt nämlich von dessen Phase ab. Um Mitternacht leuchtet der Planet über dem subplanetaren Punkt auf dem Mond am hellsten (siehe Grafik unten). Danach nehmen seine Phase und Einstrahlungsintensität ab, bis bei Sonnenaufgang nur noch die dem Stern zugewandte Hälfte scheint. Dann ist „Halbplanet" in Analogie zu dem von der Erde aus betrachteten Halbmond.

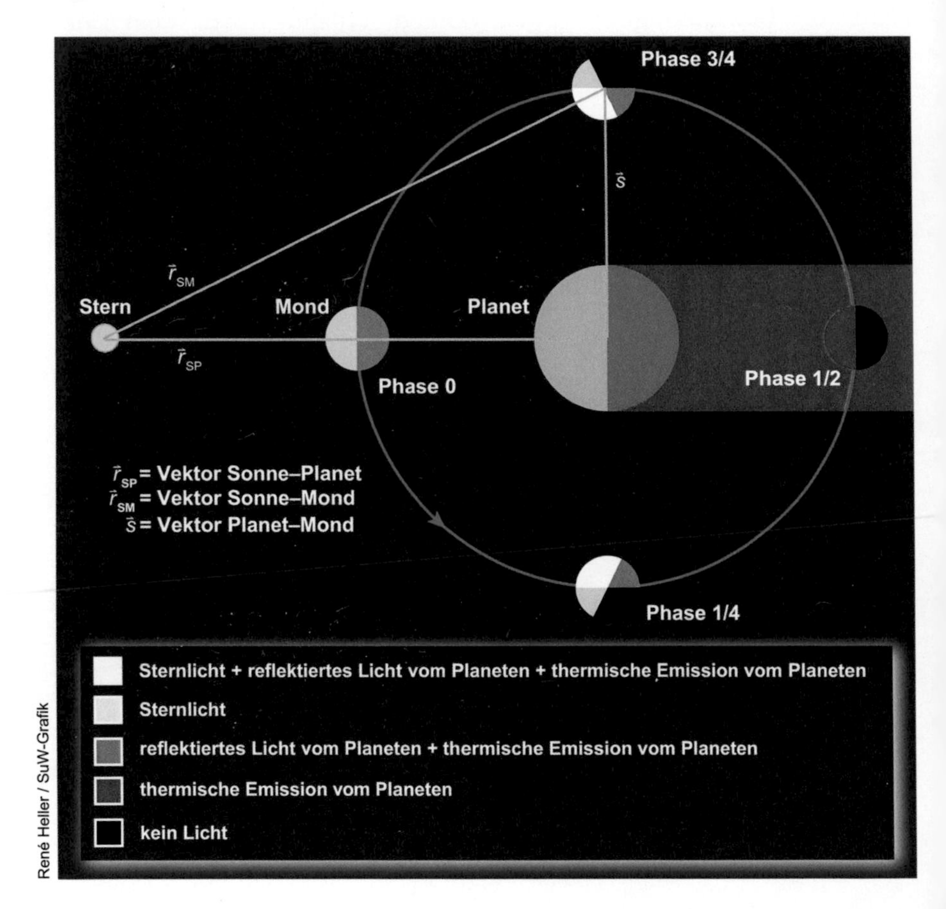

Verschiedene Lichtquellen und die Umlaufbewegung eines Mondes um seinen Planeten beeinflussen die Temperatur- und Lichtverhältnisse auf ihm. in dieser vereinfachten darstellung blicken wir von norden auf die rotationsachsen von Planet und Mond, die abstände zueinander sind nicht maßstabsgerecht

Nun nähern wir uns einem Spektakel: Kurz vor der Mittagszeit wird es auf einmal stockdunkel. Einmal am Tag schiebt sich der Planet vor den Stern, und da wir uns nun über der unbestrahlten Hemisphäre des Planeten befinden, ist es tatsächlich dunkel, denn die thermische Strahlung des

Planeten lässt sich, wie erwähnt, vernachlässigen. Die Rückseite des Planeten schneidet derweil einen schwarzen Kreis aus dem Himmel aus – und das zur Mittagszeit! Während dieser Minuten bis wenige Stunden dauern den Bedeckung dürften die Temperaturen auf dem Mond spürbar sinken. Kurz danach kommt der gleißend helle Stern wieder hinter dem Planeten hervor und bei Sonnenuntergang erscheint nun die andere Hälfte des Planeten beleuchtet und nimmt weiter zu bis Mitternacht. Dabei entspricht die Tageslänge genau der Umlaufperiode des Mondes um seinen Planeten.

Während dieses hypothetischen Vorgangs haben wir angenommen, dass sich das Paar aus Planet und Mond nicht nennenswert um den Stern bewegt. Das Bestrahlungsverhalten wird jedoch komplexer, wenn das Massenzentrum von Planet und Mond eine exzentrische Bahn um den Stern beschreibt. Dann hängt die Einstrahlung zusätzlich von seinem im Lauf des Jahres variierenden Abstand zum Stern ab.

In unserer Arbeit haben Rory Barnes und ich über das hier geschilderte Szenario hinaus Fälle erwogen, in denen die Bahn des Trabanten gegen die Umlaufebene, die das Paar aus Planet und Mond um den Stern einnimmt, geneigt ist. Im Sonnensystem ist der Saturnmond Titan hierfür ein gutes Beispiel (siehe Bilder S. 88). Die Rotationsachse von Saturn ist um 26,7 Grad gegen die Umlaufebene um die Sonne geneigt. Der Ringplanet erfährt also gemäß seiner Umlaufzeit über einen Zeitraum von 29,5 Erdjahren ausgeprägte Jahreszeiten. Titan umrundet Saturn in dessen Äquatorebene und durchläuft somit auch Jahreszeiten. Durch diese starke Neigung kommt es von Titan aus gesehen nicht wie in unserem oben betrachteten Fall, einmal pro Umlauf des Mondes zu Verfinsterungen der Sonne hinter Saturn. Über die meiste Zeit des Jahres bewegt sich die Sonne nämlich zur Mittagszeit unteroder oberhalb von Saturn vorbei. Lediglich um den Frühlings- und den Herbstpunkt des Ringplaneten, also wenn die Sonne bei den Tag-und-Nacht-Gleichen die Äquatorebene durchquert, wird sie pro Titan-Umlauf einmal von Saturn bedeckt.

Gezeiteneffekte heizen Monde auf

Stockdunkle Mittagszeit, hell erleuchtete Nacht, Tage mit Längen von mehreren Erdtagen – welch bizarre Welten wir uns da vorstellen! Und wir sind noch nicht am Ende: Betrachten wir noch einen Aspekt, nämlich den der Gezeitenheizung! Für Monde auf engen Bahnen, also mit Abständen von weniger als ungefähr zehn Planetenradien, ist diese Energiequelle bedeutsam. Das bekannteste Beispiel aus dem Sonnensystem ist hierfür der

Jupitermond Io. Im Bild ist ggf einer seiner zahlreichen aktiven Vulkane zu sehen. Io ist der geologisch aktivste Körper des Sonnensystems. Während auf der Erde ein Wärmefluss von rund 0,08 W pro Quadratmeter aus dem Inneren austritt, emittiert Io satte zwei Watt pro Quadratmeter aus seiner Gezeitenheizung. Auf der Erde wird der Wärmefluss dagegen hauptsächlich durch radioaktive Zerfälle im Mantel und Kern gespeist und nur zu einem sehr kleinen Teil durch die Gezeitenheizung vom Mond. Die Folgen der Gezeitenheizung für Io sind globaler Vulkanismus, das Ausströmen von Gasen mit einem durchschnittlichen Massenverlust von einer Tonne pro Sekunde und wahrscheinlich ein unterirdischer, mehr als 1200 Grad Celsius heißer Magmaozean aus diversen Schwefel- und Eisenverbindungen.

Der Saturnmond Titan ist der einzige Trabant des Sonnensystems mit einer dichten Atmosphäre. Im linken Bild steht Titan (hier mit dem kleineren Mond Dione zu sehen) vor der Wolkendecke des Saturn. Die Streifenmuster unten sind die Schatten der Saturnringe. Im rechten Teilbild treten die dichten Dunstschichten der Titanatmosphäre deutlich hervor

Auf Europa, der seine Bahn um Jupiter weiter außen zieht, ist die Gezeitenheizung deutlich geringer. Beobachtungen der NASA-Sonde Galileo in den 1990er Jahren deuten jedoch darauf hin, dass ihre Leistung ausreicht, unter der gefrorenen Oberfläche des Mondes einen gewaltigen Ozean aus Wasser flüssig zu halten. In Gedanken an die so genannten Schwarzen Raucher (englisch: black smoker) am Grund der irdischen Tiefsee, in deren Umgebung man komplexe, von der Erdoberfläche und dem Sonnenlicht unabhängige Ökosysteme gefunden hat, lassen uns Galileos Befunde an die Möglichkeit von Leben auf Europa denken.

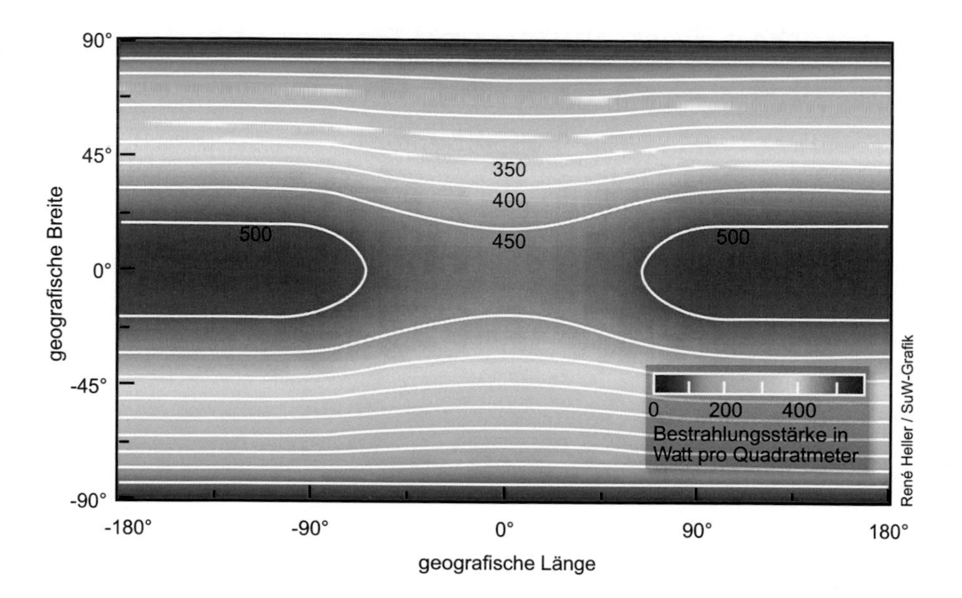

Hier ist der durchschnittliche Energiefluss über der Atmosphäre eines hypothetischen Mondes um Kepler 22b wiedergegeben. Die Konturen geben konstante Wärmeflüsse in Einheiten von Watt pro Quadratmeter an (siehe Farbleiste). Die Einbuchtung um den subplanetaren Punkt, also bei Länge und Breite gleich null Grad, geht auf Sonnenfinsternisse zurück

Extrasolare Monde mit solch einer moderaten Gezeitenheizung mögen bewohnbar sein oder nicht, wir würden das beim besten Willen nicht voraussagen können. Mit Sicherheit können wir jedoch sagen, dass Exomonde mit Gezeitenheizung vergleichbar derjenigen von Io nicht bewohnbar sind. Selbst wenn ein Exomond mit seinem Planeten in der lebensfreundlichen Zone um den Stern zieht, würde das durch Vulkanismus freigesetzte Kohlendioxid den Mond in ein überhitztes Treibhaus ähnlich der Venus verwandeln. Das von Rory Barnes und mir entwickelte Modell, das die Einflüsse von stellarer sowie planetarer Einstrahlung mit der Gezeitenheizung koppelt, soll helfen, die kostbare Beobachtungszeit an Großteleskopen sinnvoll einzuteilen und nur den aussichtsreichen Objekten Priorität zu geben. Schließlich werden Monde, die eventuell bewohnbare oder gar bewohnte Oberflächen haben und von einer erdähnlichen Atmosphäre umgeben sein könnten, die attraktivsten Ziele sein.

Wie wirken Einstrahlung und Gezeitenheizung zusammen?

Unser Modell, das die Bestrahlung und die Gezeitenheizung auf Monden berücksichtigt, haben wir in ein Computerprogramm übertragen und konnten damit den Energiefluss simulieren. Betrachten wir als Beispiel einen hypothetischen Trabanten um den Exoplaneten Kepler 22b, der seinen sonnenähnlichen Stern in der lebensfreundlichen Zone umrundet: Der Planet weist einen Radius von ungefähr 2,4 Erdradien auf und ähnelt vermutlich in Masse und Struktur Uranus oder Neptun. Für unsere Simulation haben wir angenommen, dass der Mond Kepler 22b in 20 Planetenradien Entfernung auf einer leicht exzentrischen Bahn umrundet, nämlich mit $e = 0{,}05$. Dies sollte zu einer starken Gezeitenheizung führen. Außerdem legten wir die Umlaufebene des Mondes in die gleiche Ebene wie die Planetenbahn um den Stern, so dass regelmäßige Verfinsterungen auftreten.

Die Grafik links unten zeigt den über einen Umlauf, also ein Kepler-22b-Jahr, gemittelten Energiefluss auf der Oberfläche des Mondes. Die linke Achse gibt die geografische Breite an, die untere die geografische Länge. Sie wird jeweils gemessen vom subplanetaren Punkt in der Mitte, dort steht Kepler 22b im Zenit. Die Grafik ähnelt somit einer Weltkarte, nur dass hier Kontinente, Meere und andere Oberflächeneigenschaften wegfallen und stattdessen der Energiefluss aufgetragen ist.

Dabei beobachten wir ein spannendes Phänomen: Der subplanetare Punkt, also dort, wo der Mutterkörper im Zenit steht, ist der „kühlste" Ort entlang des Äquators. Dies geht auf die Sternenfinsternisse zurück. Auf der dem Planeten abgewandten Seite des Mondes treten solche Bedeckungen dagegen niemals auf und verursachen somit auch keine Verringerung der stellaren Einstrahlung. Für Umlaufbahnen mit Neigungen von wenigen Grad fanden wir übrigens das Gegenteil. Dort wurde wegen der zusätzlichen Einstrahlung vom Planeten der subplanetare Punkt zum wärmsten Ort der gesamten Oberfläche, denn Sonnenfinsternisse traten nun im Lauf des Jahres sehr selten auf.

Auch wenn sich der Effekt der Gezeiten in dieser Abbildung nicht ohne Weiteres ablesen lässt, sei erwähnt, dass die Gezeitenheizung hier gleichmäßig verteilt 42 W pro Quadratmeter beiträgt. Solch ein Mond wäre also nach heutigem Verständnis unbewohnbar – und das, obwohl sich sein Mutterplanet in der lebensfreundlichen Zone um den Stern befindet. Ohne die Gezeitenheizung würden die Farben bei gleich bleibender Farbskala am Äquator also nur bis Orange gehen und nicht bis Rot, während sie an den Polen den Wert von null Watt pro Quadratmeter erreichten, was sie hier nicht tun.

Atmosphären und die lebensfreundliche Zone

Die Atmosphäre ist von grundlegender Bedeutung für die Oberflächeneigenschaften eines Exomondes, nicht zuletzt im Hinblick auf seine eventuelle Bewohnbarkeit. Durch ihre Wärmekapazität kühlt die Oberfläche eines Himmelskörpers bei Nacht verzögert ab und heizt sich am Tag erst mit einer Verzögerung wieder auf. Auch bestimmt eine Atmosphäre den Wärmetransport von der bestrahlten auf die unbestrahlte Seite des Himmelskörpers und bietet zudem Schutz gegen die schädigende Strahlung aus dem All. So schirmt auf der Erde die Ozonschicht die Oberfläche gegen die intensive ultraviolette Strahlung der Sonne ab.

Des Weiteren ist eine Planetenatmosphäre das Medium für den globalen Gas- und Wasseraustausch und wirkt wie ein Treibhaus. Auf der Erde beispielsweise beträgt die durchschnittliche Oberflächentemperatur +16 Grad Celsius, obwohl sich aus der Berechnung des thermischen Gleichgewichts lediglich −18 Grad Celsius ergeben (siehe dazu den Kasten „Der Treibhauseffekt" auf S. 92). Ausschlaggebend dafür ist der Treibhauseffekt, der auch bei der Bestimmung der lebensfreundlichen Zone berücksichtigt wird. Dieser Abstandsbereich um einen Stern definiert eine Sphäre, innerhalb derer ein erdähnlicher Planet mit einer Atmosphäre flüssiges Wasser auf seiner Oberfläche führen würde. Da Wasser als notwendige Bedingung für Leben angesehen wird, nennt man diesen Bereich die bewohnbare oder habitable Zone.

Ihr innerer Rand beschreibt den Abstand zum Stern, in dem eine erdähnliche Atmosphäre heiß und mit Wasserdampf gesättigt wäre. Das Wasser könnte dann hoch in die Stratosphäre steigen, wo es durch die energiereiche Sonnenstrahlung in Wasserstoff und Sauerstoff zerlegt würde. Der Wasserstoff entwiche ins All, der Sauerstoff bliebe zurück. In der Folge würde der Planet seinen Wasservorrat verlieren, also austrocknen und unbewohnbar werden. Diesen Effekt nennen wir ein „runaway greenhouse", also einen irreversibel zunehmenden Treibhauseffekt.

Im Sonnensystem gibt es nur einen Mond innerhalb der lebensfreundlichen Zone, nämlich den Erdmond. Dieser allerdings ist zu massearm, als dass seine Schwerkraft eine bedeutende Atmosphäre festhalten könnte. Überhaupt gibt es nur zwei Monde, die eine nennenswerte Gashülle tragen. Auf dem Saturnmond Titan, rund 9,5 Astronomische Einheiten von der Sonne entfernt, wäre ein Mensch dank der dichten Stickstoffatmosphäre, die auf der Oberfläche einen Druck von rund 1,5 bar erzeugt, in der Lage, mit Flügeln ähnlich denen von Vögeln zu fliegen, auch dank Titans niedriger Oberflächengravitation. Auf Spaziergängen wäre ein Druckausgleich nicht nötig, man benötigte lediglich einen Temperaturschutzanzug und eine

Atemmaske. Zur Bespaßung aller Beteiligten könnte man noch kurz die Atemmaske absetzen und ins Feuerzeug ausatmen. Der freigesetzte Sauerstoff ergäbe mit dem Methan der Atmosphäre ein explosives Gemisch.

Am Rand des Sonnensystems ist der Neptunmond Triton von einer hauchdünnen Atmosphäre aus Stickstoff, Kohlenmonoxid und Methan umgeben. Wie die Sonde Voyager 2 herausfand, bilden sich in ihr bei −230 Grad Celsius zarte Wolken aus Stickstoff (siehe Bild S. 78).

Der Treibhauseffekt

Das thermische Gleichgewicht auf einem Planeten oder Mond ergibt sich aus der Annahme, dass er dieselbe Menge an Strahlung abgibt, wie er absorbiert. Mit der Oberflächentemperatur $T_\odot$ der Sonne (genauer: der effektiven Temperatur), ihrem Radius $R_\odot$ und der Bond-Albedo A_E, also der Oberflächenreflektivität der Erde, ergibt sich ihre Oberflächentemperatur im thermischen Gleichgewicht zu

$$T_{\mathrm{eq}} = T_\odot \left[\left(\frac{R_\odot}{1\,\mathrm{AE}} \right)^2 \frac{1 - A_\mathrm{E}}{4} \right]^{1/4} = 255\,\mathrm{K} = -18\,^\circ\mathrm{C},$$

wobei eine Astronomische Einheit (AE) dem Abstand zwischen Sonne und Erde entspricht. Die durchschnittlich gemessene Temperatur auf der Erde beträgt jedoch +16 Grad Celsius. Der Unterschied von 34 Grad Celsius wird auf den Treibhauseffekt zurückgeführt. Dieses Phänomen tritt auf, weil das Kohlendioxid, der Wasserdampf und das Methan in der Erdatmosphäre teilweise intransparent sind für die thermische Abstrahlung der Erde. Ein Teil der absorbierten Sonneneinstrahlung kann also nicht reemittiert werden und erwärmt stattdessen unseren Planeten.

Für die Venus in 0,723 AE Abstand zur Sonne mit ihrer Albedo von 0,75 ergibt die Gleichung eine Gleichgewichtstemperatur von −41 Grad Celsius. Jedoch bewirkt der Treibhauseffekt in der von Kohlendioxid dominierten Atmosphäre eine mittlere Oberflächentemperatur von beeindruckenden +464 Grad Celsius. Zwar besteht auch die Atmosphäre des Mars vor allem aus Kohlendioxid, doch ist sie so dünn, dass ihr Treibhauseffekt verschwindend gering bleibt.

Was lernen wir aus zukünftigen Beobachtungen?

Der Nachweis von Wolken auf Exomonden ist allerdings noch eine Strophe in der Zukunftsmusik. Vorerst müssen wir uns damit begnügen, die grundlegenden Parameter von Exomonden zu bestimmen. Diese werden sich jedoch nur im Verhältnis zu anderen Parametern, nämlich denen des Sterns und des Planeten, ermitteln lassen. So besteht die Aufgabe letztlich darin, mindestens drei Körper zu charakterisieren – und eventuell weitere Planeten oder Monde in dem System.

Die stellare Leuchtkraft ließe sich entweder aus der Oberflächentemperatur des Sterns und seinem Radius bestimmen oder aus der Parallaxe und Helligkeit des Sterns. Für die erste Methode benötigen wir hoch aufgelöste Spektren und stellarseismische Daten, beispielsweise aus der präzisen Kepler-Fotometrie, die Rückschlüsse auf den Radius erlauben. Die zweite Methode ließe sich nur auf Sterne in der näheren Sonnenumgebung anwenden und benötigt astrometrische Messungen. Aus Modellen für Sternentwicklung erschlösse sich dann daraus die Sternmasse. Unter der Annahme, dass die Masse des Planeten viel größer ist als diejenige des Mondes, ließe sich die Masse des Planeten aus den Messungen der Radialgeschwindigkeit des Sterns berechnen. Daraus würden sich sowohl die Umlaufperiode als auch die große Halbachse und Exzentrizität des Systems aus Planet und Mond um den Stern ergeben.

Wie oben beschrieben, ließen sich für Transitplaneten dann die TTV- und TDV-Effekte nutzen, um die Mondmasse, die große Halbachse der Mondbahn um seinen Planeten, und eventuell die Bahnneigung zwischen den beiden Umlaufebenen abzuleiten. Die für die Gezeitenheizung essenziell wichtige Exzentrizität der Mondbahn um den Planeten ließe sich lediglich simulieren, insbesondere wäre hier die Anwesenheit weiterer Monde zu prüfen. Die Albedowerte von Planet und seines Mondes müssten voraussichtlich geschätzt werden. Ähnliches gilt für die Materialeigenschaften des Mondes, die seine Gezeitenkopplung beschreiben.

Zwar wird die direkte Charakterisierung der Atmosphären von Exomonden mittelfristig nicht möglich sein, doch können uns auch die durch die derzeitige Technologie und Theorie zugänglichen Parameter bereits viel über die zu erwartenden Oberflächenbedingungen verraten. Aus Masse und Radius lässt sich die mittlere Dichte bestimmen, die wiederum Schlüsse auf die Zusammensetzung erlaubt. Und mit der abgeschätzten Einstrahlung, die sich aus unserem Modell ergibt, zusammen mit der aus Masse und Radius ebenfalls berechenbaren Oberflächengravitation, mögen sich gewisse atmosphärische Zusammensetzungen als wahrscheinlich herausstellen.

Der jüngst erschienene Beitrag von Rory Barnes und mir bestand in der Synthese von stellarer und planetarer Einstrahlung mit der Gezeitenheizung auf potenziellen Exomonden zur Beschreibung des Klimas auf solchen Welten. Als Pointe konnten wir die Bewohnbarkeit von Exomonden dadurch definieren, dass die Summe aller beteiligten Energieflüsse gering genug sein muss, so dass ein Mond mit erdähnlicher Masse und Atmosphäre nicht einen irreversiblen Treibhauseffekt erfährt. Zudem wiesen wir nach, dass mögliche erdgroße Monde um den Planeten Kepler 22b, der seinen sonnenähnlichen Stern in der lebensfreundlichen Zone umrundet, bewohnbar sein könnten, wenn ihre Gezeitenheizung nur schwach wäre (siehe Grafik S. 89).

Noch gibt es auch auf der theoretischen Seite einiges zu tun, beispielsweise bei der Simulation und Auswertung der Transiteffekte für den Fall von Systemen mit mehreren Monden. Eine vollständige Theorie für die TTV- und TDV-Effekte in Systemen mit mehr als einem Mond existiert noch nicht. Numerische Simulationen können derweil eine Stütze hierfür bieten. Eine grundlegende Arbeit dazu ließe sich aus N-Körper-Simulationen erstellen, wobei N die Anzahl aller beteiligten Körper und in diesem Fall größer als drei ist. N-Körper-Simulationen sind auch nötig, um die langfristige Entwicklung der Geometrie des Mondsystems kennen zu lernen, die das Bestrahlungsmuster bestimmt. Untersuchungen der Stabilität solcher Systeme sind darüber hinaus notwendig, um etwaige Funde von Exomonden auf Konsistenz zu prüfen.

Die Anfang Mai 2012 von der ESA beschlossene Mission „Jupiter Icy Moons Explorer" (JUICE), mit Start im Jahr 2022, soll ab 2030 die großen Jupitermonde untersuchen. Eines der Hauptziele des Projekts ist es, das Potenzial der Monde Europa, Ganymed und Kallisto als Lebenshorte zu erkunden. Dazu wird JUICE deren Topografie zentimetergenau vermessen und somit Rückschlüsse auf Verformungen durch Gezeiten zulassen. Die präzise Vermessung erlaubt es, die dynamischen Eigenschaften von Satellitensystemen zu modellieren. Des Weiteren untersucht JUICE die Oberflächenchemie der Jupitertrabanten, analysiert ihre strukturelle Zusammensetzung und sucht nach Wasservorkommen. Außerdem wird die Sonde das Magnetfeld von Ganymed im Detail studieren und die vulkanische Aktivität auf Io überwachen. Aus diesen Daten erhoffen wir uns fundamental neue Einsichten in die Planetologie dieser Monde. Indirekt wird JUICE auch Schlüsse auf die Physik von Exomonden zulassen, deren Nachweis mit Kepler uns bald bevorstehen mag.

Literatur

Canup, R. M., Ward, W. R.: A Common Mass Scaling for Satellite Systems of Gaseous planets. In: Nature 441, S. 834–839, 2006

Sasaki, T. et al.: Origin of the Different Architectures of the Jovian and Saturnian Satellite Systems. In: The Astrophysical Journal 714, S. 1052–1064, 2010 http://arxiv.org/abs/1003.5737

Kipping, D. M. et al.: The Hunt for Exomoons with Kepler (HEK): I. Description of a New Observational Project. In: The Astrophysical Journal 750, S. 115, 2012 http://arxiv.org/abs/1201.0752

Heller, R., Barnes, R.: Exomoon Habitability Constrained by Illumination and Tidal Heating. In: Astrobiology 13, S. 18–46, 2013, http://arxiv.org/abs/1209.5323

René Heller befasst sich an der kanadischen McMaster University in Hamilton mit der Bewohnbarkeit von extrasolaren Planeten und Monden.

Teil II

Mondfahrten, früher und heute

Ein Zeitzeuge erinnert sich
Apollo 12 bis 17 auf dem Mond

Harro Zimmer

Viel wurde seit 1969 über die Mission Apollo 11, die erste bemannte Mondlandung, berichtet. Wesentlich weniger präsent sind jedoch die sich daran anschließenden sechs weiteren Mondflüge des Apollo-Programms. Wie war das damals?

Während der vier Jahre lang andauernden Mondflüge des Apollo-Programms der USA änderte sich unser Wissen über den Erdtrabanten beträchtlich, und es wurden viele neue Erfahrungen im Hinblick auf bemannte Exkursionen zu einem anderen Himmelskörper gewonnen. Während die erste Mondumrundung im Dezember 1968 und die erste Mondlandung im Juli 1969 bis heute unvergessen sind, blieb nur relativ wenig von den sechs nachfolgenden Flügen im kollektiven Gedächtnis der Menschen haften. Daher möchte ich, als schon damals aktiver Journalist, die Leser in diesen spannenden Abschnitt der Raumfahrtgeschichte zurückversetzen.

Mein Weg zum Raumfahrtkommentator und -publizisten begann Mitte der 1960er Jahre, damals noch als Student der Technischen Universität Berlin und Leiter der Satellitenbeobachtungsstation auf der Berliner Wilhelm-Foerster-Sternwarte. In Kooperation mit US-amerikanischen Institutionen waren wir – primär mit funktechnischen Verfahren – mit der Beobachtung erdnaher Satelliten, überwiegend sowjetischen Starts, befasst. Das hatte keineswegs etwas mit Spionage zu tun. Anfang 1968 erhielt ich sogar eine offizielle

H. Zimmer (✉)
Space Consultant und Publizist, Berlin, Deutschland

K. Urban (Hrsg.), *Der Mond*, https://doi.org/10.1007/978-3-662-60282-9_12

Erlaubnis der Sowjetischen Akademie der Wissenschaften, die Signale aller Satelliten und Raumsonden der UdSSR zu empfangen und wissenschaftlich auszuwerten. Vermutlich bin ich der Einzige in Deutschland, der so ein Dokument in seinen Akten hat. Auch meine USA-Aufenthalte in den Jahren 1966 und 1968, unter anderem als NASA-Stipendiat an der „School of Environmental and Planetary Sciences" der University of Miami, trugen dazu bei, dass ich in Berlin für die Medien der primäre Ansprechpartner in Sachen Raumfahrt war. Gelegentlich war auch der US-amerikanische RIAS an mich herangetreten. Der RIAS, der „Rundfunk im amerikanischen Sektor", war über Jahrzehnte ein im Westteil von Berlin, und vor allem in der durch die hohe Sendeleistung mitversorgten ehemaligen DDR, überaus populärer Radiosender mit zwei Vollprogrammen. Neben der Politik lagen die Schwerpunkte auf Kultur, Jugend sowie Technik und Forschung. Mit der Wiedervereinigung im Jahr 1989 fusionierte der RIAS mit dem „Deutschlandsender Kultur", woraus das spätere „DeutschlandRadio Kultur" entstand. Bis dahin lag die Hoheit über den Sender bei den US-Amerikanern.

Eingestiegen in die Arbeit als Raumfahrtberichterstatter für den RIAS bin ich mit der Mission Apollo 10 im Frühjahr 1969 Nach der erfolgreichen Mondlandung von Apollo 11 im Juli 1969 offerierte mir der Sender kurz vor dem Start von Apollo 12 einen umfangreichen Vertrag, der unter anderem für jede weitere Berichterstattung ein Honorar von 1000 Deutsche Mark anbot, damals viel Geld. Mehrere andere Projekte wurden mir angetragen darunter die wöchentlichen „RIAS Weltraumnotizen", die besonders in der umgebenden DDR sehr populär waren. Mitte der 1970er Jahre übernahm ich dann offiziell die Leitung der Redaktion „Technik und Forschung" des RIAS.

Nach dem Flug von Apollo 11, den wir im Hörfunk von RIAS Berlin kontinuierlich vom Start bis zur Landung kommentierend verfolgt hatten, war klar, dass es auf Grund unserer Möglichkeiten sinnvoll war, über die folgenden Mondflüge genauso intensiv und live zu berichten. Durch unsere Anbindung an die USA konnten wir rund um die Uhr eine Standleitung zum NASA-Kontrollzentrum im texanischen Houston nutzen oder über die „Stimme Amerikas" (Voice of America) aus Washington einen kompetenten Gesprächspartner aktivieren beispielsweise des Öfteren den bei der NASA beschäftigten deutschen Ingenieur Jesco von Puttkamer (1933–2012).

Und nicht zu vergessen: Persönliche Kontakte, die sich seit meinem ersten Besuch bei der NASA im Jahr 1966 entwickelt hatten, waren essenziell. Eine wichtige private Verbindung, die mein RIAS-Teamkollege Hans Gerhard

Meyer geknüpft hatte, war Guenther Wendt, Ex-Berliner und seit den Mercury-Flügen im Jahr 1961 der Chef der Startrampen am Cape Canaveral in Florida, seinerzeit Cape Kennedy genannt. Wendt war derjenige NASA-Mitarbeiter, der zum Schluss vor dem Start die Luke der Raumkapseln verschloss. Er war eng mit den Astronauten vertraut, die dem Deutschen seit John Glenn den für manche Amerikaner witzigen Spitznamen „der Führer“ verpasst hatten.

Am 13. Oktober 1969 wurden die Astronauten von Apollo 11 während ihrer Welttournee in Berlin bei ihrem öffentlichen Auftritt von mehr als zehntausend Menschen umjubelt. Zur gleichen Zeit liefen in Houston und am Cape Canaveral bereits die Vorbereitungen für die Nachfolgemission Apollo 12, der noch – so sah die Planung zu diesem Zeitpunkt aus – acht weitere Mondflüge bis Apollo 20 folgen sollten.

Apollo 12: Flug durch ein Gewitter

Apollo 12 versprach, besonders interessant zu werden: Da war zum einen das konkrete Reiseziel: Die am 20. April 1967 im Oceanus Procellarum gelandete Raumsonde Surveyor 3, was auf der uns zugewandten Mondseite westlich von der Mondmitte liegt. Zum anderen bestand die Besatzung aus Charles „Pete“ Conrad, Alan Bean und Richard Gordon, von der man wusste, dass sie gut harmonierte und ausgesprochen kommunikativ war. Vor seinem Flug erklärte Conrad, dass bei seinem ersten Schritt auf dem Erdtrabanten keineswegs etwas Geschichtsträchtiges zu erwarten sei, sondern nur ein Spruch, der ihm spontan einfiele.

Am 14. November 1969 um 17:22 Uhr MEZ startete die Saturn V von der Rampe 39A. Unter den Zuschauern war erstmals ein US-Präsident, nämlich Richard Nixon. Jedoch war das Wetter nicht optimal: Es gab eine Gewitterwarnung, die eigentlich zu einer Startverschiebung hätte führen müssen. Es lag nahe, dass die Anwesenheit Nixons der Grund für die Startfreigabe war. 36 und 52 s nach dem Abheben wurde die Rakete vom Blitz getroffen. Im Kommandomodul fielen zahlreiche Sensoren und Telemetriedaten aus, die normalerweise Auskunft über den technischen Zustand des Raumfahrzeugs und der Trägerrakete geben. Pete Conrad: „Zur Hölle, was ist denn das?“.

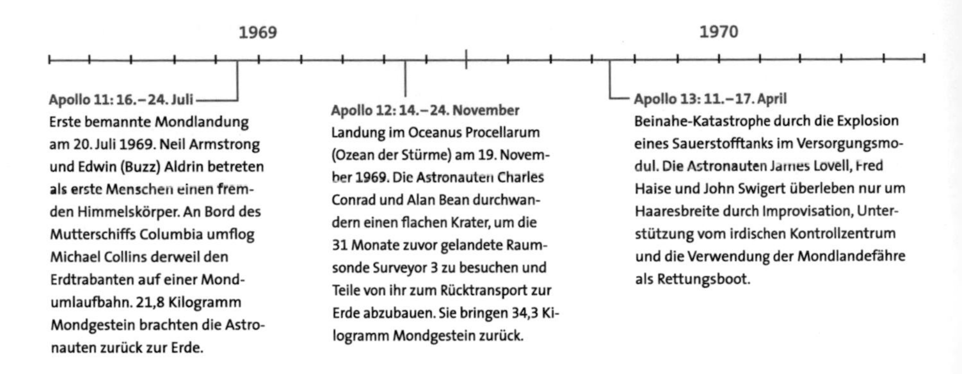

War das kleine elektrische Chaos so gefährlich, dass ein Abbruch der Mission denkbar war? In Houston, so unser Eindruck, schien man zunächst etwas ratlos. Schnelle Hilfe brachte der junge Ingenieur John Aaron, der für die elektrischen Systeme verantwortlich war. In Erinnerung an eine frühere Simulation gab er ein mysteriöses Kommando durch: „Flug: Versucht S-C-E auf AUX zu schalten“, also die Messdaten auf eine andere Leitung zu legen. Wo aber war dieser Schalter schnell zu finden? Als Einziger konnte Alan Bean mit dieser Anweisung etwas anfangen und setzte sie sofort um. Alle Daten waren wieder da. Großes Aufatmen an Bord und in Houston; der Flug in den Erdorbit konnte nun wie geplant ablaufen.

Nach dem Eintritt in die Transferbahn zum Mond erfolgte planmäßig die Abtrennung der dritten Stufe der Saturn V, welche die Bezeichnung S IVB trug. Mit einer erneuten Zündung ihres Antriebs sollte sie in eine Umlaufbahn um die Sonne geschickt werden. Später stellte sich heraus, dass sie im Erde-Mond-System geblieben war, wo man sie 33 Jahre später zunächst als Asteroiden wiederentdeckte. Schnell ließ sich aber dieser Himmelskörper als die Oberstufe der Mission Apollo 12 identifizieren.

Nicht nur bei uns, sondern rund um den Globus war man auf eine wichtige Neuerung gespannt: Erstmals sollte es farbige Live-TV-Bilder von der Mondoberfläche geben. Würde uns als Radiojournalisten das Fernsehen die Show stehlen? 90 min früher als geplant stiegen Conrad und Bean in die Landefähre um. Nach einer gründlichen Überprüfung erfolgte dann am 18. November 1969 um 04:47 Uhr MEZ der Eintritt in den Mondorbit. Knapp 24 h später trennten sich die Landefähre Intrepid und das Mutterschiff Yankee Clipper voneinander; in Letzterem zog nun Richard Gordon seine Runden.

Der Abstieg zur Oberfläche machte zunächst keine Schwierigkeiten. Irritierend für uns war der „Snowman“, der Schneemann, von dem Conrad dauernd sprach. Gemeint war eine Gruppe kleiner Krater, die das Zielgebiet umrissen. Per Handsteuerung suchte Conrad einen optimalen Landplatz, doch dann wirbelte der Abgasstrahl des Landetriebwerks eine Staubwolke auf, die sich bis in eine Höhe von 30 m erhob. Die letzten 15 m legte die Intrepid, eingehüllt in Staub, nur noch im Blindflug zurück und setzte um 07:54 Uhr MEZ auf der Oberfläche auf.

1971 1972

Apollo 14: 31. Januar–9. Februar
Die Mondfahrer Alan Shepard und Edgar Mitchell holen die Mission von Apollo 13 nach und landen am 5. Februar 1971 in der Fra-Mauro-Region im lunaren Hochland. Sie bringen 42,3 Kilogramm Mondgestein zurück und stellen zahlreiche wissenschaftliche Instrumente auf der Mondoberfäche auf.

Apollo 15: 26. Juli–7. August
Die Astronauten David Scott und James Irwin landen am 30. Juli 1971 in der Nähe der Hadley-Rille und nutzen das erste Auto auf dem Mond für drei Ausflüge. Sie sammeln insgesamt 77,3 Kilogramm Mondgestein ein.

Apollo 16: 16.–27. April
John Young und Charles Duke landen am 21. April 1972 im Descartes-Hochland. Ausbeute ihrer drei Exkursionen: 95,7 Kilogramm Mondgestein.

Apollo 17: 7.–19. Dezember
Einziger Nachtstart einer Saturn-V-Rakete während des Apollo-Programms. Eugene Cernan und Harrison Schmitt, der erste Geologe auf dem Mond, setzen am 11. Dezember 1972 im Taurus-Littrow-Tal auf und führen drei Ausstiege auf die Mondoberfläche durch. Dabei sammelt vor allem Schmitt 110,5 Kilogramm Mondgestein für wissenschaftliche Untersuchungen ein.

Obwohl Conrad und Bean zu diesem Zeitpunkt noch nicht genau wussten, wo sie exakt gelandet waren, war von Hektik und Aufregung nichts zu hören. Dann meldete sich Yankee Clipper, denn Richard Gordon hatte aus dem Orbit die Intrepid gesichtet, die sich in unmittelbarer Nähe von Surveyor 3 befand. Eine perfekte Landung also. Laut Zeitplan war ja erst einmal Ruhe angesagt. Dann allerdings, ohne größere Pause, öffnete sich um 12:44 Uhr die Luke und Conrad stieg die Leiter herab und sagte (frei übersetzt): „Hoppla Mann, das war für Neil ein kleiner Schritt, für mich aber ein großer.“ Wir rätselten zunächst etwas herum, was Conrad wohl meinte. Offenbar hatte er wegen seiner geringeren Körpergröße im Vergleich zu Neil Armstrong Schwierigkeiten auf den Stufen der Leiter.

TV-Kamera ruiniert

Die beiden Astronauten starteten das geplante Programm wie das Einsammeln von Notfall-Gesteinsproben und den Aufbau der automatischen Wissenschaftsstation ALSEP. Die „Apollo Lunar Surface Experiments Package“ war eine Ansammlung unterschiedlicher wissenschaftlicher Instrumente wie Temperatursensoren oder ein Seismometer zur Aufzeichnung von Mondbeben. Dies alles musste dem Zuhörer erklärt werden, ohne ihn zu langweilen. Wann kommt nun endlich die TV-Kamera? Alle Fernsehsender und natürlich das Kontrollzentrum waren gespannt darauf, die Aktionen an der Landestelle live zu sehen. Bean baute die Kamera auf, justierte sie und richtete sie dabei versehentlich auf die Sonne: Kurzschluss in der Bildaufnahmeröhre der Kamera – aus. Von beiden Exkursionen keine Bilder.

Das war eine Chance für uns Radioleute, ausführlicher zu kommentieren.

Der zweite Ausstieg führte zur 156 m entfernten und längst inaktiven Landesonde Surveyor 3. Unter anderem wurde ihre Kamera ausgebaut und zur Erde zurückgebracht. Später sorgte die Entdeckung von überlebenden irdischen Bakterien in ihrer Schaumstoffisolierung für kontroverse Diskussionen.

Die Intrepid startete am 21. November 1969 um 03:25 Uhr MEZ vom Mond mit knapp 35 kg Gestein im Gepäck. Andocken, Umsteigen, Umladen: Endlich konnte man das Geschehen wieder per Live-TV verfolgen. Dann wurde die Aufstiegsstufe der Intrepid gezielt zum Absturz auf den Mond gebracht. Das so erzeugte Beben wurde vom Seismometer der zuvor aufgebauten ALSEP-Station registriert.

Leider hatten Astronauten einige Filmmagazine in der Intrepid liegen gelassen, so dass die Bildausbeute von der Mondoberfläche deutlich hinter den Erwartungen zurückblieb. Der Rückflug zur Erde erfolgte problemlos. Am 24. November, 21:58 Uhr MEZ, ging Apollo 12 im Pazifik nieder, nur 3,5 km vom Bergungsschiff USS Hornet entfernt. Der Aufprall war recht hart. Dabei wurde Bean von einer herabfallenden Kamera am Kopf getroffen – eine Platzwunde plus Gehirnerschütterung waren die Folge. Später auf seine persönliche Bilanz bei dieser Mission angesprochen: „Ich war der einzige Mensch, der jemals auf dem Mond Spaghetti gegessen hat", so der bekennende Pasta-Fan.

Scheinbar Routine: Apollo 13

Nach Apollo 12 hatten wir den Eindruck, dass die große Begeisterung für die Mondflüge auch hier im Lande zurückging und überlegten in der Redaktion des RIAS, ob wir bei der nächsten Mission unsere Berichterstattung kürzer halten sollten. Im Januar 1970 hatte die NASA auf Druck der Nixon-Administration aus Kostengründen Apollo 20 gestrichen – ihr geplanter Landeplatz war der spektakuläre Strahlenkrater Tycho. Zunächst stand nun Apollo 13 bevor.

Natürlich gab es in einigen Medien Diskussionen um die Nummer 13, um diese „Unglückszahl", aber konnte das wirklich neues Interesse wecken? Der Starttermin für Apollo 13 war für den Abend des 11. April 1970 angesetzt, einen Samstag. Für Radio und Fernsehen in Mitteleuropa damals ein denkbar ungünstiger Zeitpunkt, da fast immer „gebaute Programme" liefen, die man nicht ohne triftigen Grund unterbrechen wollte. Wir fanden dennoch eine Lücke und konnten unsere Zuhörer den pünktlich um 20:13 Uhr MEZ erfolgten Start miterleben lassen.

An Bord befanden sich die Astronauten Jim Lovell, Jack Swigert und Fred Haise. Der Einspringer Swigert – ursprünglich sollte Ken Mattingly für das Mutterschiff verantwortlich sein – erwies sich für den weiteren Verlauf des Flugs als Glücksfall. Der Start war etwas „rumpelig", denn es traten starke Schwingungen auf. Das konnte rasch behoben werden, und danach verlief der Flug wie geplant, was auch für die nächsten 48 h galt. Es gab bis auf ein interessantes Detail kaum etwas Neues zu berichten. In Houston war die Zahl der Medienvertreter überschaubar, die großen TV-Netze waren nicht live dabei. Wir konzentrierten uns auf die Abtrennung der S-IVB-Stufe der Saturn V. Sie wurde, nachdem sie das Gespann aus der Kommandokapsel Odyssey und der Landefähre Aquarius auf Mondkurs gebracht hatte, auf eine Kollisionsbahn in Richtung Erdtrabant gelenkt. Der fulminante Einschlag der 14 t schweren Stufe am 15. April 1970 um 02:15 Uhr MEZ und das von ihr ausgelöste schwere Mondbeben ging in der Dramatik der dann aktuellen Ereignisse völlig unter.

Am Dienstag, dem 14. April, rief mich um 04:30 Uhr MEZ der Vorbereitungsredakteur der aktuellen Frühsendung an: „Mit Apollo 13 läuft irgendetwas schief!" Kurz nach 5 Uhr saß ich dann im Studio und rekapitulierte die Ereignisse der letzten zwei Stunden. Flugdirektor Gerry Griffin hatte in Houston eine Pressekonferenz einberufen: Die Mission verlaufe völlig normal, keine besonderen Ereignisse. Das konnte man im Kontrollzentrum auch in der dritten TV-Übertragung aus dem Raumschiff sehen, für die sich keiner der großen Fernsehsender weltweit interessierte.

Wir haben ein Problem …

Auch das Gespräch zwischen Apollo 13 und Houston um 04:08 Uhr MEZ klang unaufgeregt und routiniert: Jack Swigert: „Houston: Ich glaube, wir hatten gerade ein Problem …" Genau 1 min und 40 s dauerte dieser harmlos anmutende technische Informationsaustausch. Doch schon im Verlauf der folgenden 15 min wurde klar, dass sich dahinter eine Katastrophe verbarg, die zum Abbruch der Mission oder gar zu Schlimmeren führen musste.

Das bedeutete für uns, umgehend eine Dauerleitung zum Kontrollzentrum in Houston zu schalten, und für mich, sofort Quartier im Sender aufzuschlagen. Aber nicht nur wir, sondern die ganze Welt war plötzlich schockartig aufgewacht. Alle wollten wissen, was dort in 328.000 km Entfernung von der Erde passiert ist, und ob die Mannschaft wieder sicher zur Erde zurückgeführt werden kann. Die Ursache des Problems war ein explodierter Sauerstofftank im Versorgungsmodul der Raumkapsel, der auch den zweiten Tank beschädigt hatte, so dass in relativ kurzer Zeit der gesamte Sauerstoffvorrat an Bord des Versorgungsmoduls ins All entwichen war. Damit brach sowohl die Sauerstoffversorgung der Astronauten als auch die Energieversorgung über die Brennstoffzellen zusammen; die Raumkapsel lief nur noch auf Batterien.

Apollo 13 war bis dato auf einer Bahn unterwegs, auf der sie ohne Schubmanöver nach Umrundung des Mondes die Erde verfehlt hätte. Was also tun? Um 06:23 Uhr MEZ hatten – um Strom zu sparen – die Astronauten in der Odyssey den Strom komplett abgeschaltet und die Landefähre als Rettungsboot aktiviert. Die Mondlandung war natürlich geplatzt, jetzt ging es um das nackte Überleben.

Ein entscheidender Faktor – und das konnten wir uns leicht selbst ausrechnen – war nun die Zeit. Unsere Schätzung: rund viereinhalb Tage bis zur Landung auf der Erde. Würden die Ressourcen der dafür nicht gebauten Landefähre Aquarius ausreichen?

Die NASA entschloss sich zu einem etwas riskanten Schritt, den wir aufgeregt verfolgten. Bei ihrer Bahn um den Mond zündete am 15. April um 03:43 Uhr MEZ die völlig erschöpfte Mannschaft manuell das Landetriebwerk der Aquarius für 3 min 43 s, um auf eine Rückkehrbahn zur Erde zu gelangen. Großes Aufatmen, als Apollo 13 genau zur berechneten Zeit hinter dem Mond hervorkam und damit die Flugzeit zur Erde um zwölf Stunden verkürzt war. Zudem konnte die Landung nun doch im Pazifik erfolgen, statt wie zunächst angenommen im Indischen Ozean.

Das war aber immer noch eine lange, vielleicht zu lange Flugzeit. Der extrem strapaziöse Rückflug mit durchaus kritischen Situationen für die Besatzung bei nur vier Grad Celsius in der Aquarius wurde von der NASA professionell und unaufgeregt kommentiert. Der Umfang des exzellenten Krisenmanagements ließ sich für unsere Berichterstattung zunächst nur erahnen. Das galt auch für die wichtige Rolle von Jack Swigert, der ein spezielles Training für Notfallsituationen absolviert hatte.

Alle Welt schaute am Freitag, dem 17. April 1970, auf die letzten Stunden vor der Landung. Wir waren ab 15 Uhr auf Sendung, um das alles entscheidende Manöver nicht zu verpassen: Die Abtrennung des schwer beschädigten Versorgungsmoduls. Würden die minimalen Energiereserven zur Aktivierung der Elektronik der Landekapsel ausreichen? Es gelang. Erstmals konnten die Astronauten das ganze Ausmaß des Schadens am

Versorgungsmodul sehen, das sich als gewaltig erwies. Ein ganzes Paneel der Verkleidung war durch die Explosion des Sauerstofftanks weggesprengt worden, und es hingen aus der Öffnung Fetzen von Leitungen und anderen Bauelementen heraus.

Zwei Stunden vor der Landung stiegen Lovell, Haise und Swigert in die Kommando-Einheit um. Das Rettungsboot Aquarius hatte ausgedient, wurde abgetrennt und verglühte in der Erdatmosphäre. Um 19.08 Uhr MEZ landete Apollo 13 im Pazifik nur 6,5 km vom Bergungsschiff USS Iwo Jima entfernt. Großes Aufatmen bei der NASA und weltweit.

In den folgenden Monaten wurden nicht nur Fehlerquellen im Versorgungsmodul behoben, sondern es wurde auch das Apollo-Programm aus finanziellen und politischen Motiven weiter gekürzt: Die Flüge 18 und 19 wurden gestrichen, die Mannschaften neu eingeteilt.

Apollo 14: Wieder zurück zum Mond

Erst nach den Untersuchungen über den Vorfall bei Apollo 13 war es am 31. Januar 1971 wieder so weit: Mit Apollo 14 – ursprünglich für den 1. Oktober 1970 geplant – sollte nun eine Mission mit wissenschaftlichem Ziel starten, zum Cone-Krater im Hochland von Fra Mauro, das auf der uns zugewandten Mondseite recht zentral liegt. Am Sonntagabend, um 22:03 Uhr MEZ, hob die Saturn V ab, allerdings wetterbedingt mit 40 min Verspätung. An Bord: Alan Shepard, Edgar Mitchell und Stuart Roosa, scherzhaft als die „Mannschaft der Neulinge“ bezeichnet. In den ersten Stunden des Flugs gab es nichts Außergewöhnliches zu berichten. In den sehr frühen Morgenstunden des 4. Februar wurde aus der Routine plötzlich eine kritische Situation: Roosa wollte die Landefähre Antares an das Mutterschiff Kitty Hawk andocken. Das klappte nicht. Fünf weitere mühsame Versuche waren notwendig, die mehr als 100 min Zeit kosteten. Obwohl ich früh im Studio war, hatte ich nur den Rest dieser Aktion mitbekommen und später dann das Einschwenken in den Mondorbit verfolgt.

Ernst wurde es dann am 5. Februar beim Abstieg der Antares zur Oberfläche: Ein Schalter signalisierte „Abbruch“. Obwohl alle Systeme einwandfrei funktionierten, war dennoch eine rasche Entscheidung nötig. Houstons erster Reparaturhinweis funktionierte nur kurz. Erst ein Befehl für den Bordcomputer, den Mitchell eingab, schaffte Abhilfe – die Warnung erlosch.

Bei der Annäherung an die Oberfläche fiel dann das Landeradar aus. Wir konnten allerdings nur bruchstückweise verstehen, was da passierte. Shepard hatte weder Höhen- noch Geschwindigkeitsdaten und steuerte manuell.

Das Resultat: Um 10:18 MEZ ein punktgenaues Aufsetzen – die Präziseste aller Mondlandungen. Shepards Ausstieg begann mit einiger Verspätung.

Bockige Rikscha

Seine ersten Worte: „Es war ein langer Weg. Doch nun sind wir hier." Ein umfangreiches Arbeitsprogramm wartete auf Shepard und Mitchell, unter anderem das Aufstellen einer ALSEP-Messstation sowie eines Laserreflektors. Mit diesem lässt sich bis heute der Abstand des Mondes zur Erde auf einen Zentimeter genau bestimmen. Dabei wurde festgestellt, dass sich der Erdtrabant jedes Jahr etwa vier Zentimeter von uns entfernt.

Erstmals kam ein zweirädriger Handkarren zum Einsatz, der auch als Werkbank diente. Das Ziehen der „Rikscha" war oft mühselig, und wir hörten Shepard öfters fluchen. Zeitweise trugen die Astronauten die Karre, die auf dem steinigen Gelände umzustürzen drohte. Immerhin hatte sich mit ihrer Hilfe der Aktionsradius der Astronauten während ihrer zwei Exkursionen auf 3,3 km erhöht.

Am Ende des zweiten und letzten Ausstiegs war Spaß angesagt: Shepard holte mehrere Golfbälle aus der Tasche seines Raumanzugs. Einen Schläger hatte er aus einem mitgebrachten Kopf und einem Werkzeug gebastelt. Allerdings konnte der leidenschaftliche Golfer im Raumanzug nur einhändig schlagen. Die ersten Versuche gingen daneben. Beim dritten Schlag flog der Ball nach Schätzungen von Shepard etwa 1200 Fuß (365 m) weit ins Gelände. Am 6. Februar 1971 um 19:48 Uhr MEZ hob die Antares ab und dockte dann an die Kitty Hawk an. Wir sahen dazu exzellente Live-TV-Bilder.

Stuart Roosa hatte in der Zwischenzeit vom Mondorbit aus viel fotografiert, speziell die Descartes-Region, das Zielgebiet der Mission Apollo 16. Nach dem Umladen von 43 kg Gesteinsproben wurde die Fähre abgetrennt, und der Rückflug zur Erde begann. Apollo 14 landete am 9. Februar 1971 um 22:05 Uhr MEZ im Pazifik nur sieben Kilometer vom Bergungsschiff USS New Orleans entfernt. Obwohl das eigentliche Forschungsobjekt, der Cone-Krater, nicht erreicht werden konnte – es fehlten nur noch 30 m bis zum Rand – war es in jeder Hinsicht eine überaus erfolgreiche Mission.

Apollo 15: Die erste rein wissenschaftliche Mission

Im Juni 1971 war ich in Sachen Apollo offiziell bei der NASA unterwegs und konnte mich in Houston und am Cape gründlich umsehen. Die Mannschaften der nächsten beiden Flüge waren im Training und alles, was man sah und hörte, hinterließ den Eindruck, dass die Monderkundung jetzt erst richtig beginnen würde: Fernsehbilder a la Hollywood, ein schneller Geländewagen, neues Werkzeug, längere Ausflüge, mehr Wissenschaft.

Konnte dies alles das stark gesunkene Interesse an den Mond expeditionen – und dies galt nicht nur für die USA – wieder bele ben? Wir warteten also neugierig auf Apollo 15, deren Start am 26. Juli 1971 pünktlich um 14:34 Uhr MEZ erfolgte. Ziel war die Hadley-Rille im Apenninen-Gebirge. An Bord waren David Scott erfahrener Astronaut und Kommandant, James Irwin als Pilot der Landefähre Falcon und Alfred Worden, verantwortlich für da Mutterschiff Endeavour. Beide Einheiten waren technisch verbesserte Versionen und mit zusätzlichen wissenschaftlichen Instrumenten ausgestattet.

Der Flug zum Mond verlief ruhig. Kurz vor dem Einschwenker in den Mondorbit – 29. Juli 1971 um 21:06 Uhr MEZ – sahen wir brillante Bilder aus dem Mutterschiff und der Landefähre. Am 30. Jul war es dann so weit: Sehr schnell ging es abwärts, zu schnell, wie manche Beobachter meinten. Entsprechend hart war die Landung um 23:16 Uhr MEZ. Allerdings war das Terrain überraschend eben.

Nach einer Ruhepause für Scott, Irwin und für uns, begann die erste Außenbordaktivität. Es war für uns etwas ungewohnt, eine „Stand-Up-EVA", wo er im Raumanzug für eine halbe Stunde nur aufrecht in der offenen Andockluke der Landefähre stand. Er inspizierte und fotografierte dabei die Umgebung.

Später fielen dann seine ersten Worte auf der Mondoberfläche, ein ziemlich langer Satz: „Wenn ich hier vor den Wundern des Unbekannten am Mount Hadley stehe, wird mir klar, dass es für das Wesen des Menschen eine fundamentale Wahrheit gibt: Der Mensch muss forschen!".

Das erste Auto auf dem Mond

Bei den letzten drei Flügen zum Erdtrabanten führten die Landefähren ein mit Batterien betriebenes Allradfahrzeug mit sich, den Lunar Rover. Er musste nach der Landung von den Astronauten aus der Landestufe der Mondfähre zunächst ausgeklappt, in der Folge ausgepackt und dann aufgefaltet werden, bevor er zum Einsatz kommen konnte. Der Lunar Rover erweiterte den Arbeitsbereich der Astronauten beträchtlich, so dass sie sich bis zu sechs Kilometer von ihrer Landefähre entfernen konnten. Bis aus dieser Distanz konnten sie bei einem Unfall oder einem Versagen des Fahrzeugs noch zu Fuß zur Landefähre zurückkehren.

Das Forschen während der ersten Exkursion begann erst mal mit einem Problem: Die Vorderradlenkung des Rovers funktionierte nicht. Zum Glück verfügte das Fahrzeug auch über eine Hinterradlenkung, so dass diese eingesetzt werden konnte. Das Fahren auf dem Mond war eine recht holprige Angelegenheit. Mit der ersten Tour wurde wieder eine ALSEP-Messstation aufgestellt und versucht, zwei Sensoren zur Messung des Wärmeflusses im Boden zu platzieren. Nur einmal klappte es. Das Bohren eines Lochs für die zweite Sonde stieß auf erhebliche Schwierigkeiten. Der Boden erwies sich als steinhart. Für die nächsten Flüge musste das Bohrgerät deutlich verbessert werden.

Was die um Größenordnungen verbesserte Bildqualität betraf, hatte die NASA nicht zu viel versprochen. Eine von Houston aus steuerbare TV-Kamera lieferte atemberaubende Bilder dieser unwirklich erscheinenden Landschaft. In der zweiten Exkursion fuhren die Astronauten zum Mount Hadley Delta. Dort hoffte man, Gestein aus der frühesten Geschichte des Mondes zu finden. Nahe einem kleinen Krater entdeckten sie einen auffälligen Stein, der dann von den Medien „Genesis Rock" genannt wurde. Er ist tatsächlich eine der ältesten Gesteinsproben von der Mondoberfläche.

Scott mühte sich weiter mit den Bohrversuchen ab, eine extrem anstrengende Arbeit. Sein Sauerstoffvorrat näherte sich dem Ende, so dass Houston nach einer Aktivität von 7 h 12 min den Abbruch der Exkursion anordnete. Sehr viel später erfuhren wir, dass bei Irwin schon Herzrhythmusstörungen aufgetreten waren. Um den Zeitplan einigermaßen einzuhalten, wurde der dritte Ausstieg am nächsten Tag verkürzt.

Geweckt wurde das Team von einer etwas lärmenden Musik, welche die Technik im RIAS-Studio gleich als „Tijuana Taxi" erkannte. In Erinnerung an die drei verstorbenen Astronauten von Apollo 1, vier sowjetische Kosmonauten und weiterer Toter, wurde bei Beginn des dritten Ausstiegs eine kleine Gedenkstele aufgestellt. Eindrucksvoll war dann das Kapitel Physik zum Thema freier Fall, das Scott so eindrucksvoll demonstrierte (siehe suw.link/Apollo16): Er ließ gleichzeitig eine Falkenfeder und einen Hammer fallen. Im Vakuum des Mondes fielen sie, wie zu erwarten, gleich schnell zu Boden. Scott: „Herr Galilei hatte recht!" Zum Schluss parkten die Astronauten den Rover so, dass der Rückstart der Falcon am 2. August 1971 um 18.11 Uhr MEZ live beobachtet werden konnte. Dann ging es am 4. August um 22.23 Uhr MEZ zurück zur Erde.

Schreck bei der Wasserung von Apollo 15: Einer der drei Fallschirme hatte sich nicht vollständig geöffnet, so dass das Aufsetzen für die Astronauten etwas rauher als üblich erfolgte

Al Worden hatte im Mutterschiff umfangreiche Arbeit geleistet. Neue Kameras kamen zum Einsatz, ein Laser-Höhenmeter tastete die Mondoberfläche ab, und ein kleiner Satellit wurde ausgesetzt. 320.000 km entfernt von der Erde kam Wordens großer Einsatz: Bei einem Ausstieg in den freien Weltraum von 38 min Dauer, holte er Filmkassetten aus der Instrumentenbucht des Mutterschiffs. Am 7. August 1971 um 21:45 Uhr MEZ wasserte Apollo 15 im Pazifik. Mit etwas Sorge sahen wir Minuten zuvor, dass sich von den drei Fallschirmen nur zwei voll geöffnet hatten (siehe Bild oben). Doch das Bergungsteam der USS Okinawa war schnell zur Stelle. Apollo 15 hatte alle Erwartungen erfüllt und brachte wichtige Erfahrungen mit, zum Beispiel über den Rover, seine Möglichkeiten und Tücken.

Apollo 16: Auf zum Descartes-Hochland

Der Abstand zwischen den letzten Flügen sollte nun deutlich größer werden: Apollo 16 war für den 17. März 1972 geplant. Es gab jedoch technische Probleme verschiedenster Art. So musste einmal sogar die Saturn V von der Rampe wieder in die Montagehalle zurückgebracht werden. Erst am 16. April war es dann so weit: Um 18:54 Uhr MEZ hob Apollo 16 ab. Einer der wohl erfahrensten Astronauten, John Young, war der Kommandant, für die Landefähre war Charles Duke zuständig, und für das Mutterschiff Ken Mattingly.

Interessant war der Arbeitsauftrag: In der Umgebung des Kraters Descartes – auf der Mondoberfläche recht zentral gelegen – sollte man Spuren eines frühgeschichtlichen Mondvulkanismus finden. Uns beim RIAS war klar, dass Apollo 16 in den Medien wegen des stark gesunkenen Interesses leider nur noch als Nachricht auftauchen würde. Einige schöne Bilder würde man in den TV-Nachrichten sehen können. Wir entschieden uns dennoch für eine kontinuierliche Kommentierung, wenn es auch bei manchen Nachtterminen nicht immer live sein musste.

Der Hinflug verlief zunächst ohne Zwischenfälle. Doch nach der Abtrennung der S-IVB-Raketenstufe und dem Andocken der herausgezogenen Landefähre Orion an das Mutterschiff Casper, sah die Besatzung plötzlich kleine glitzernde Partikel um die Orion schweben. Sofort stiegen die Astronauten in die Fähre um und checkten alle Systeme. Keine Fehlermeldung. Es war abgeblätterte Wärmeschutzfarbe, die für dieses Schauspiel verantwortlich war. Auch der Ausfall des Navigationssystems sorgte zunächst für Unruhe. Doch das war, verglichen mit dem, was dann im Mondorbit geschah, noch vergleichsweise unproblematisch.

Die Kommandokapsel macht Zicken

Unmittelbar nach der Abtrennung der Mondfähre begann das Haupttriebwerk der Casper, wie es Charlie Duke einmal drastisch formulierte, „zu spinnen" und ließ sich nicht mehr exakt ausrichten, da der Schwenkmechanismus des Triebwerks gestört war. Die Möglichkeit eines Abbruchs bestand. Während Casper und Orion nur durch eine kurze Distanz getrennt den Mond umkreisten, suchte die NASA auch durch Simulationen nach einer Lösung. Mit den redundanten Systemen ließ sich das Triebwerk der Kommandokapsel dann doch beherrschen.

Mit knapp sechs Stunden Verspätung setzte Orion am 21. April 1972 um 03:23 Uhr MEZ auf, nur 230 m entfernt vom geplanten Ziel. Leider konnte niemand den Ausstieg optisch live verfolgen, denn die Kamera der Orion war defekt.

John Youngs erste Worte waren nur teilweise gut zu verstehen. „Da bist du, geheimnisvolles und unbekanntes Descartes-Hochland. Apollo 16 ist dabei, dein Bild zu verändern.“ Der Rest schien witzig zu sein, blieb uns aber unverständlich. Zu Beginn des ersten Ausstiegs machten die Astronauten den Rover klar, doch der zeigte wieder Probleme mit der Steuerung. Houston half mit gutem Rat.

Nach dem Aufstellen der Experimente begann Duke, ein Loch für einen Wärmeflusssensor zu bohren. Das ging überraschend leicht, erzählte er mir später schmunzelnd, bis John Young versehentlich auf ein Verbindungskabel trat und damit die anfangs so erfolgreiche Arbeit abrupt beendete. Auch in der zweiten Exkursion wurde mit einem Handbohrer gebohrt, und es wurden Bodenproben aus drei Meter Tiefe gewonnen. Der Rover kam intensiv zum Einsatz; insgesamt 26,7 km Fahrstrecke wurden zurückgelegt.

Mit einer umfangreichen Gesteinsausbeute, rund 94 kg, startete die Orion am 24. April 1972 um 02:25 Uhr MEZ vom Mond. Allerdings sahen wir diesmal keine Bilder des Rückstarts, denn offensichtlich war die Kamera des zurückgelassenen Rovers defekt. Die Kopplung mit der Casper klappte, nur der gezielte Absturz der Landefähre nicht: Orion blieb taumelnd im Mondorbit zurück. Auf dem Rückflug zur Erde arbeitete Ken Mattingly 84 min im Außenbordeinsatz, barg Filmkassetten und aktivierte ein biologisches Experiment. Apollo 16 landete am 27. April 1972 um 20:45 Uhr MEZ nahe dem Bergungsschiff USS Ticonderoga. Die zurückgeführten Bodenproben zeigten entgegen den Erwartungen keine Spuren eines frühen Vulkanismus. Somit waren einige Wissenschaftler vom mitgebrachten Material ziemlich enttäuscht.

Apollo 17: Der letzte Besuch

Dezember 1972: Apollo 17, der letzte bemannte Mondflug, war bereits im Vorfeld weltweit zu einem Medienereignis geworden: von Anschlagsdrohungen durch die Gruppe „Schwarzer September“ bis hin zur Ankündigung eines Nachtstarts, der über ein weites Gebiet am Cape Canaveral als feuriges Spektakel sichtbar sein sollte. Tatsächlich hatte dieser Start mehr Zuschauer in Florida als Apollo 11. Für uns bedeutete es, am 7. Dezember früh aufzustehen, denn der Start war für 03:53 Uhr MEZ angekündigt.

Dann passierte etwas, das wir bis dahin noch nicht erlebt hatten: 30 s vor dem Abheben wurde der Countdown abgebrochen. Ein wichtiger Computer war ausgefallen. Immerhin dauerte es 2 h 40 min, bis die Fehler beseitigt, und die Rakete um 06:33 Uhr MEZ abheben konnte. Unsere Zuhörer und wir atmeten auf.

Ziel war die Taurus-Littrow-Region am südlichen Rand des Mare Serenitatis im Nordosten der Mondvorderseite. Aufnahmen aus dem Orbit zeigten ein hochinteressantes Gebiet, das man fundiert erkunden wollte. An Bord von Apollo 17 war eine Mannschaft, die schon vorher für Diskussionen gesorgt hatte: Eugene Cernan, erfahrener Astronaut der Programme Gemini und Apollo, als Kommandant, Ronald Evans als Mutterschiffpilot und Harrison Schmitt, an der Harvard University promovierter Geologe und erster Wissenschaftspilot im Mondprogramm.

Dass es erhebliche Mentalitätsunterschiede zwischen Cernan und Schmitt gab, war schon vor dem Start bekannt und auch während des Hinflugs zu spüren. Den berühmten Anblick der „Blue Marble", der Vollerde, kommentierte Cernan kurz und prägnant, Schmitt inspirierte er zu ausführlichen Exkursen. Am 10. Dezember 1972 um 20:47 Uhr MEZ wurde der Mondorbit erreicht. Die Trennung der Landefähre Challenger vom Mutterschiff America erfolgte am 11. Dezember um 18:21 Uhr MEZ, die Landung dann um 20:55 Uhr MEZ. Es war ein ruhiger Abstieg, bis dann die Challenger nur 200 m vom geplanten Ziel entfernt in einem Kraterfeld aufsetzte.

Wir wussten schon, dass alle Ausstiege für unsere Berichterstattung zeitlich ungünstig lagen. Die Exkursionen begannen jeweils gegen Mitternacht MEZ. Auf Sendung gingen wir dann erst in das aktuelle Frühprogramm, so dass die Zuhörer noch etwas von den mehr als sieben Stunden dauernden Ausstiegen mitbekamen. Cernan stieg zügig aus. Soweit ich mich erinnere, sagte er beim Betreten des Mondbodens nichts Markantes. Das hatte er sich wohl für den Schluss aufgehoben. Schmitt hatte noch in der Challenger und sofort nach seinem Ausstieg damit begonnen, zum Teil in epischer Breite, seinen Wissenschaftskollegen in Houston die Landschaft zu schildern. Das eng gefasste Programm lief nun zügig an.

Apollo – Eine wissenschaftliche Bilanz

- Geologische und geophysikalische Exploration von sechs Landestellen
- Rückführung von 382 kg Gestein und Bodenproben
- Aufbau von sechs geophysikalischen Messstationen mit Geräten für Seismologie, Bodeneigenschaften, lokale Felder und anderer Phänomene

- Fernerkundung aus dem Orbit zur Geologie des Mondes, Daten über Magnetfelder, Gasemission, Topografie, Strukturen der Oberfläche und andere Eigenschaften
- Ausgedehnte Fotografie des Mondes mit Panorama-, Multispektral- und Handkameras bei insgesamt neun Missionen, davon sechs bei Landungen
- Ausführliche visuelle Beobachtungen aus dem Mondorbit
- Inspektion von Surveyor 3 und Zurückführung von Bauteilen zur Untersuchung der Einwirkungen von 31 Monaten Mondmilieu
- Ausgedehnte Fotografie der Erde aus dem Orbit mit Multispektral- und Handkameras zur Überprüfung des Landsat-Konzepts zur Erderkundung
- Aufbau von Laser-Retroreflektoren an verschiedenen Stellen der Mondoberfläche, die Entfernungsbestimmungen mit einer Genauigkeit von Zentimetern ermöglichen
- Einsatz des ersten Teleskops auf dem Mond, mit dem UV-Aufnahmen der Erde und anderer kosmischer Objekte erhalten wurden
- Einsammeln von Sonnenwind-Teilchen mit auf der Oberfläche platzierten Aluminiumfolien
- Himmelsfotografie aus dem Mondorbit
- Untersuchungen zur kosmischen Strahlung auf der Oberfläche, im Orbit und im Raum zwischen Erde und Mond
- Aussetzen von kleinen Satelliten im Mondorbit

Was ist nun von den drei Exkursionen besonders im Gedächtnis haften geblieben? Da war die genial improvisierte Reparatur des Rovers: Cernan hatte sich mit einem Hammer in der rechten Kotflügelabdeckung verfangen. Die rechte Radabdeckung brach ab, Staub wirbelte auf, Cernan und Schmitt konnten kaum noch etwas was sehen. Wie ließ sich der Schaden beheben?

Mit Klebeband, Mondkarten und Klammern, die Cernan von der Beleuchtung in der Fähre demontiert hatte. Zunächst blieb das Klebeband auf dem Mondstaub nicht haften, dann aber kam aus Houston der wichtige Tipp, vier Mondkarten mit dem Klebeband miteinander und dem Rest des Kotflügels zu verkleben, und die Sache klappte. Insgesamt 35 km wurden in der Taurus-Littrow-Region zurückgelegt.

Eindrucksvoll waren auch die Aktivitäten von Schmitt in der Umgebung des 110 m großen Kraters Shorty im Taurus-Littrow-Tal. Hier war er als Geologe voll in seinem Element. Das von ihm entdeckte orangefarbige, glasähnliche Material war eine Sensation und löste zunächst Spekulationen über einen möglichen vulkanischen Ursprung aus. Später stellte sich heraus, dass es aus feinen Glaskügelchen bestand, die beim Einschlag von Meteoriten auf der Mondoberfläche entstanden waren.

Scheinbar lustig, aber mit ernstem Hintergrund, muteten die zappelnden Bewegungen von Schmitt bei einem Krater an: Er hatte das Gleichgewicht verloren und drohte zu stürzen, doch es ging gut aus. Zur Erinnerung wurde der Krater „Ballett" getauft.

Staunen ließ uns auch die gewaltige Menge an Gesteinsproben, die Cernan und Schmitt beim dritten Ausstieg sammelten, rund 66 kg. Damit erhöhte sich die Gesamtausbeute auf 110 kg. Bei seinem letzten Schritt auf der Mondoberfläche verabschiedete sich Cernan unter anderem mit den Worten: „Wir verlassen jetzt Taurus-Littrow, wie wir einst gekommen sind, und wenn Gott es will, werden wir zurückkehren in Frieden und Hoffnung für die gesamte Menschheit. Gute Reise der Besatzung der Apollo 17."

Am 14. Dezember 1972 um 23:55 Uhr MEZ startete Challenger in Richtung Mondorbit, exzellent in der TV-Übertragung zu verfolgen. 2 h 15 min später wurde an die America angedockt. Auf dem Rückflug zur Erde verließ Ron Evans für 67 min das Mutterschiff, um aus der Instrumentenbucht Filmkassetten zu bergen. Es war eine ruhige Landung im Pazifik zu einer zivilen Zeit, 19. Dezember 1972 um 20:25 Uhr MEZ, nur 5,4 km von der USS Ticonderoga entfernt.

Zweifellos war Apollo 17 das wissenschaftlich erfolgreichste Unternehmen und ein glanzvoller Schlusspunkt des Programms. Wir haben es mit Spannung und Enthusiasmus publizistisch begleitet, manche schlaflose Nacht vor Monitoren und mit Kopfhörern verbracht. Diese dreieinhalb Jahre Apollo sind mir bis heute unvergesslich geblieben, und ich denke gerne an diese Zeit zurück.

Harro Zimmer, Jahrgang 1935, studierte an der TU Berlin Chemie und 1966 als NASA-Stipendiat Weltraumwissenschaften an der University of Miami. Von 1973–1986 war er erster Vorsitzender der Wilhelm-Foerster-Sternwarte Berlin. Bis 1995 arbeitete er als leitender Redakteur bei RIAS Berlin und dann bei der Deutschen Welle TV. Heute ist er als Space Consultant und Publizist aktiv.

Die ersten Worte auf dem Mond

Eugen Reichl

Was sagten die Apollo-11-Astronauten als Erstes, nachdem sie auf dem Erdtrabanten gelandet waren? Die Frage scheint kinderleicht zu sein und ist doch recht tückisch. Selbst gewiefte Raumfahrthistoriker haben damit ihre Probleme.

Gefragt, wie denn die ersten Worte der Apollo 11-Astronauten auf dem Mond lauteten, antworten die meisten Menschen wie aus der Pistole geschossen: „Dies ist ein kleiner Schritt für einen Menschen, aber ein riesiger Sprung für die Menschheit." Oder im Original: „This is a small step for a man, but a giant leap for mankind." Ein ebenso schöner wie bekannter und einprägsamer Satz.

Er hat nur einen kleinen Nachteil: Er wurde erst sechseinhalb Stunden nach der Landung gesprochen, und die Astronauten hatten bis dahin keineswegs geschwiegen.

Aber da gab es doch noch ein paar berühmte Worte. Und die fielen nun wirklich gleich nach der Landung: „Houston, Tranquillity Base here, the Eagle has landed." Etwa: „Houston, hier ist der Stützpunkt im Mare Tranquillitatis. Der Adler ist gelandet."

Doch auch wer darauf tippt, liegt falsch. Und das hat seinen Grund; denn die wahren ersten Worte auf dem Mond haben nicht das Zeug, um Legenden zu begründen.

Begeben wir uns vierzig Jahre zurück in die Vergangenheit. Wir befinden uns in der Apollo-11-Landefähre Eagle. Das Triebwerk läuft seit mehr als elf

E. Reichl (✉)
Luft- und Raumfahrtunternehmen EADS, Leiden, Niederlande

K. Urban (Hrsg.), *Der Mond*, https://doi.org/10.1007/978-3-662-60282-9_13

Minuten, und laut Plan sollten die Astronauten jetzt schon auf der Mondoberfläche stehen. Der Treibstoff wird langsam knapp. Verdammt knapp.

In Kirchturmhöhe über dem Meer der Ruhe – so die Bedeutung von Mare Tranquillitatis – sind die Astronauten Neil Armstrong und Edwin Aldrin jetzt alles andere als ruhig. Ihr Puls liegt bei über 150, wie die Sensoren verraten. In den vergangenen Minuten des Abstiegs zur Mondoberfläche haben sie einen nervenzermürbenden Alarm nach dem anderen überstanden, verursacht durch die Überlastung des Bordcomputers.

Steigen wir ein in die letzten Momente vor der Landung. Die Zeitangaben sind in MET angegeben, in „Mission Elapsed Time", in der Zeit also, die seit dem Abheben von der Rampe am Kennedy Space Center im irdischen Florida vergangen ist. In Stunden, Minuten und Sekunden. Der nachfolgende Sprechfunkverkehr ist ins Deutsche übertragen, Höhen- und Geschwindigkeitsangaben sind im metrischen System dargestellt. Wichtig zuwissen: Die Astronauten stehen während der Landung in der Fähre. Sitze gibt es nicht im Lunar Lander. Doch schauen wir ihnen nun über die Schulter…

102:44:40 Aldrin: *„40 Meter."*
Wir sind 40 m über der Mondoberfläche. Armstrong steuert die Fähre mit der Handsteuerung. In dieser letzten Phase fliegt er nur nach Sicht. Er kann deshalb nicht mehr nach unten auf die Instrumente blicken. Edwin Aldrin versorgt ihn laufend mit den wichtigsten Parametern.

102:44:45 Aldrin: *„30 Meter, eins abwärts drei vorwärts. Fünf Prozent. Treibstoffwarnung."*
Die Angaben bedeuten: 30 m Höhe Sinkgeschwindigkeit ein Meter pro Sekunde, Vorwärtsgeschwindigkeit drei Meter pro Sekunde. Der Treibstoffwarn-Indikator leuchtet auf, wenn sich weniger als 5,6 % Treibstoff in den Tanks befinden. Im reinen Schwebeflugmodus reicht der Sprit damit noch für 90 s. Dann erklingt ein Warnton, den die Astronauten „Bingo" nennen. Danach besteht noch eine absolute Notfallreserve von 20 s. Die kann der Kommandant entweder dazu verwenden, die Landung doch noch durchzuführen, was nur geht, wenn er zu diesem Zeitpunkt bereits niedriger als 15 m ist, keine Lateralgeschwindigkeit mehr hat, und sich über einem guten Landeplatz befindet. Andernfalls muss er den „Abort-Knopf" drücken, die Landestufe abwerfen, den Oberstufenmotor zünden und für den Rest seines Lebens unzähligen Menschen erklären, warum er diesen historischen Moment verpatzt hat.

102:44:54 Aldrin: *„Okay. 20 Meter. Sieht gut aus. Einen halben runter, zwei vorwärts.“*
Das verstehen wir nun problemlos: In einer Höhe von 20 m beträgt die Sinkgeschwindigkeit nun 0,5 m pro Sekunde, die Vorwärtsgeschwindigkeit zwei Meter pro Sekunde.

102:45:02 Duke: *„60 Sekunden.“*
Der Astronaut Charles Duke ist in Houston als so genannter Capcom – Capsule Communicator – eingesetzt, also als Verbindungsmann zu den Astronauten auf dem Mond (siehe Bild Seite 32). Er informiert sie, dass bis zum „Bingo-Ruf“ jetzt nur noch 60 s bleiben.

102:45:04 Aldrin: *„Licht an.“*
In diesem Moment leuchtet eine Warnlampe auf – zum zweiten Mal während dieses Abstiegs –, die darauf hinweist, dass das Landeradar ausgefallen ist. Der Ausfall dauert nur wenige Sekunden und wäre in der niedrigen Höhe ohnehin belanglos, denn Armstrong fliegt bereits nach Sicht.

102:45:08 Aldrin: *„20 Meter, 0,7 abwärts, 0,7 vorwärts … 0,7 vorwärts. Das ist gut.“*
Höhe 20 m, Sinkgeschwindigkeit 0,7 m pro Sekunde, Vorwärtsgeschwindigkeit ebenfalls 0,7 m pro Sekunde.

102:45:17 Aldrin: *„16 Meter, 0,7 runter, etwas Staub.“*
Ab etwa 30 m Höhe werden durch den Abgasstrahl der Landefähre große Mengen Staub weggeblasen. Dies verursacht eine halbtransparente Staubströmung dicht über dem Boden. Sie macht es Armstrong schwer, seine tatsächliche Bewegung abzuschätzen. Er braucht einige Sekunden, um die stationären Steine zu erkennen und danach die Landegeschwindigkeit zu justieren.

102:45:21 Aldrin: *„10 Meter, 0,7 runter … verwischte Schatten.“*
Aldrin bezieht sich hier auf die Schatten der Steine, die durch den Staub kaum noch zu erkennen sind.

102:45:25 Aldrin: *„Eins vorwärts … eins vorwärts … treiben etwas nach rechts … sieben Meter … 0,2 abwärts.“*

102:45:31 Duke: *„30 Sekunden…“*
… bis „Bingo“.

102:45:32 Aldrin: *„Leichte Drift nach vorne. Das ist gut."*
Um sicher zu gehen, dass er auf einer ebenen Stelle landet, muss Armstrong sich nach vorne orientieren. Aus einem unbekannten Grund begann sich die Fähre aber jetzt nach rechts hinten zu bewegen. Armstrong korrigiert, aber zuviel. Eine Bewegung nach links vorne beginnt sich aufzubauen. Das Abbruch-Limit ist nur noch 18 s entfernt.

102:45:40 Aldrin: *„Kontaktlicht."*
Einer der knapp zwei Meter langen Kontaktsensoren, die an drei der vier Landebeine befestigt sind, hat Bodenberührung festgestellt. Das Landebein mit der Ausstiegsleiter hat keine Kontaktsonde.

102:45:43 Armstrong: *„Abschalten."*

102:45:44 Aldrin: *„Okay. Triebwerk aus."*
Armstrong sollte das Triebwerk eigentlich beim Aufleuchten des Kontaktlichts ausschalten, also etwa zwei Meter über der Mondoberfläche. Er zögerte aber noch eine kurze Weile und so geschah das erst im Moment der Bodenberührung. Dadurch war die Landung sehr sanft, und die Landebeine wurden kaum gestaucht. Tatsächlich war es die „weichste" Landung im Programm. Armstrong zeigte sich später außerordentlich verblüfft, dass der Staub, der ihn in der letzten Minute so behindert hatte, im Moment des Abschaltens des Triebwerks von einem Sekundenbruchteil zum anderen verschwand. Eigentlich logisch, aber gegen alle Erfahrung, die wir auf der Erde machen. Auf dem Mond gibt es einfach keine Staubwolken.

Und nun kommen sie: die wahren ersten Worte, die Menschen auf dem Mond gesprochen haben. Wir haben sie nicht übersetzt:

102:45:45 Aldrin: *„ACA out of Detent."*

102:45:46 Armstrong: *„Out of Detent. Auto."*

102:45:47 Aldrin: *„Mode Control, both Auto … Descent engine command override off … Engine arm off … 413 is in."*

102:45:57 Duke: *„We copy you down, Eagle."*
Die Attitude Control Assembly, ACA, ist der Steuerknüppel der Mondfähre. „Out of Detent" bedeutet, dass ein Steuerimpuls vorgenommen werden musste, der das Lageregelungssystem abschaltete. Nachdem die Mondfähre

jetzt auf der Oberfläche stand, feuerten die Steuertriebwerke noch wie wild, um die Lage zu halten, die Armstrong unmittelbar vor der Landung als letzten Steuerinput eingegeben hatte.

„Engine arm off" bedeutet, dass das Landetriebwerk deaktiviert ist.

„413" ist ein Befehl für den Bordcomputer, damit er weiß, dass die Fähre auf dem Mondboden steht. Jeder Abbruchmodus würde von jetzt an auf einer gelandeten Mondfähre basieren.

Und erst jetzt findet Neil Armstrong die Zeit, die historischen Worte zu sprechen, die sich bis heute in das Gedächtnis der Menschen eingeprägt haben:

102:45:59 Armstrong: *„Houston, Tranquillity Base here. The Eagle has landed."*

Was uns die Mondsteine verraten haben

Die wissenschaftliche Erforschung des Mondes nach Apollo 11

Herbert Palme

Bei den Apollo-Missionen in den Jahren 1969 bis 1972 wurden insgesamt 381 kg Mondgestein zur Erde transportiert, die erstmals eine geochemische Charakterisierung des Erdtrabanten und damit auch einen Vergleich mit der Erde erlaubten. Zudem gelang es anhand der Apollo-Mondproben, Meteoriten vom Mond zu identifizieren, die unsere geochemische Datenbasis weiter vergrößern.

In Kürze

- Alle Mondgesteine sind wasserfrei, es fehlen hydratisierte Minerale wie Amphibol, Glimmer oder Tonminerale.
- Die Isotopenverhältnisse von Mond und Erde sind identisch. Dagegen weisen der Mars und die Asteroiden in einigen Elementen andere Isotopenverhältnisse auf als Erde und Mond.
- Der Mond hat sich durch den Einschlag eines marsgroßen Protoplaneten auf der Urerde gebildet, so die derzeit bevorzugte Bildungshypothese. Diese Vorstellung steht jedoch im Konflikt mit neuen geochemischen Analysen.

Am 21. Juli 1969 um 3:51 Uhr (MEZ) setzte Neil Armstrong seinen Fuß auf den Mond – der erste Schritt eines Menschen auf einem fremden Planeten. In vollem Bewusstsein dieses historischen Augenblicks sprach Neil

H. Palme (✉)
Sektion Meteoritenforschung des Forschungsinstituts und Naturmuseums Senckenberg, Senckenberg, Deutschland

K. Urban (Hrsg.), *Der Mond*, https://doi.org/10.1007/978-3-662-60282-9_14

Armstrong, während er mit dem Fuß den Mondboden berührte, den berühmten Satz: „A small step for (a) man, a giant leap for mankind." Damit hat er sich „in die Gruppe derjenigen eingereiht, die für alle Zeiten immer wieder zitiert werden" (Norman Mailer 1971). Zur Frage, was Neil Armstrong genau sagte, siehe den Kasten.

Aber haben wir es wirklich mit einem großen Sprung, einem „giant leap" zu tun, vergleichbar mit der Entdeckung Amerikas durch Kolumbus? Ist das der Beginn der Eroberung des Weltraums, der Errichtung von Mond- und Marsbasen? Was haben wir von dem „großen Sprung" zu erwarten? Oder ist die bemannte Raumfahrt eine Sackgasse?

Man wird heute im Rückblick die erste bemannte Mondlandung kaum als den Startpunkt für die Besiedlung des Mondes oder anderer Planeten ansehen können. Vielleicht ist der Zeitabstand auch noch zu kurz, um das zu beurteilen. Weitere bemannte Weltraummissionen sind geplant, werden aber noch Jahre auf sich warten lassen. Abgesehen von ein paar „Idealisten", welche die Zukunft der Menschheit an die Entwicklung der bemannten Raumfahrt knüpfen, scheint dieses Ziel unwirklicher denn je. Wir haben mit Klima und Wirtschaft andere Sorgen als Menschen auf den Mond zu schicken oder auf einem Asteroiden landen zu lassen, auch wenn Ex-US-Präsident George W. Bush den bemannten Marsflug ausgerufen hat.

Die Zukunft der bemannten Raumfahrt ist heute ungewisser denn je. Von Robotern gesammelte und zurückgebrachte Gesteinsproben reichen eigentlich für die Forschung aus. Ebenso lassen sich im Weltraum die meisten für dort geplanten Experimente, wenn nicht alle, von Automaten durchführen.

Auf der anderen Seite gibt es zurzeit eine gewisse Mondaufbruchstimmung. Neben den USA mit Clementine (1994) und Lunar Prospector (1998) beteiligen sich zunehmend auch andere Länder an zunächst nur unbemannten Mondmissionen. Die Europäer testeten mit der Raumsonde SMART-1 (2003–2006) neuartige Ionentriebwerke beim Flug zum Mond. Mit den japanischen Mondmissionen Hiten (1990) und Selene, auch als Kaguya bezeichnet (2007), und der indischen Mission Chandrayaan-1 (2008) sowie dem chinesischen Projekt Chang'e-1 (2007) sollte vor allem die technologische Reife dieser Länder demonstriert werden. Die Wissenschaft hatte allenfalls Alibifunktion. Am 18. Juni 2009 hoben mit Lunar Reconnaissance Orbiter und LCROSS (Lunar CRater Observation and Sensing Satellite) die jüngsten Mondmissionen der USA ab.

Die wissenschaftlichen Ergebnisse des Apollo-Programms

Was von den Apollo-Mondlandungen geblieben ist, sind vor allem wissenschaftliche Ergebnisse, ungeachtet der ursprünglichen – nicht primär wissenschaftlichen – Motivation des Programms. Hier wurde in mehrfacher Hinsicht ein großer Schritt vorwärts getan. Die Apollo-Missionen beeinflussten nicht nur die wissenschaftliche Erforschung des Mondes entscheidend, sondern lieferten auch wichtige neue Erkenntnisse für die Entwicklung des Sonnensystems insgesamt. Im Besonderen gilt dies für das Verständnis der Entstehung und Entwicklung der inneren Planeten des Sonnensystems. Dieser Aspekt gewinnt im Hinblick auf die Entdeckung immer neuer Exoplanetensysteme zunehmend an Bedeutung.

Die wesentlichen durch die Apollo-Missionen erreichten Fortschritte lassen sich wie folgt zusammenfassen:

Was sagte Neil Armstrong wirklich?

Beim Betreten der Mondoberfläche passierte Neil Armstrong ein kleines Missgeschick, denn er sagte „a small step for man, a giant leap for mankind" was wenig sinnvoll ist, da es wörtlich übersetzt bedeutet „ein kleiner Schritt für die Menschen, ein großer Sprung für die Menschheit". Eigentlich wollte er ja sagen „Ein kleiner Schritt für einen Menschen, ein großer Sprung für die Menschheit. Neil Armstrong hatte zunächst behauptet, er hätte ... „a small step for a mangesagt, korrigierte sich aber später. Im Mitschrieb des „Apollo 11 Lunar Surface Journal, zu finden unter history.nasa.gov/alsj/a11/a11.html, steht das „a" in Klammern „to honor Neil's intent", wie es da heißt. Der Fehler von Armstrong zeigt natürlich, dass er mit seinen Gedanken nicht bei Sätzen für die Ewigkeit war. Die augenblickliche nicht unkritische Situation hatte seine volle Aufmerksamkeit in Anspruch genommen. Trotzdem wird Armstrongs Ausspruch richtig in die Geschichtsbücher eingehen. Jeder weiß, was gemeint ist. Man kann aber auch vermuten, dass Armstrong sich nicht besonders viele Gedanken über seinen einstudierten Satz gemacht hat.

Der Mond hat kein Wasser Ein erstes Ergebnis der Untersuchungen von zurückgebrachten Mondproben war das fast vollständige Fehlen von gebundenem Wasser. Es gibt auf dem Mond weder Minerale der Amphibolgruppe noch Zeolithe, Glimmer oder Tonminerale, dagegen aber metallisches Eisen. Im Inneren von Kratern der Mondoberfläche existieren permanente Schattenzonen, die kein Sonnenstrahl erreicht. Das Wasser, das durch Einschläge von Meteoriten und Kometen auf der Mondoberfläche deponiert wurde, sollte sich dort sammeln. Die Fernerkundungssatelliten

Clementine und Lunar Prospector fanden starke Hinweise auf Wasser in diesen Gebieten. Der eindeutige Nachweis von Wasser ist jedoch bislang noch nicht gelungen.

Selbst die sehr geringen Spuren von Wasser in den Mondgesteinen sind möglicherweise auf Kontamination in der irdischen Umgebung zurückzuführen. In jüngster Zeit fanden Forscher aber kleine Mengen von Wasser in orangen und grünen Glaskügelchen, die durch Vulkaneruptionen an die Oberfläche des Mondes gelangt sind. Hier lässt sich eine irdische Kontamination ausschließen. Vielleicht enthält das Innere des Mondes doch mehr Wasser als gewöhnlich angenommen wird.

Der Mond besitzt nur geringe Mengen an flüchtigen Elementen Neben Wasser sind auch die Konzentrationen leichtflüchtiger Elemente in Mondgesteinen wesentlich geringer als in irdischen Gesteinen. Elemente wie Kohlenstoff in Form von Kohlendioxid, Chlor, Brom, Zink, Thallium, Blei, aber auch Natrium, Kalium, Rubidium und Cäsium zeigen in den Mondproben wesentlich niedrigere Gehalte als in vergleichbaren irdischen Proben. Warum der Mond nur so geringe Mengen an flüchtigen Elementen besitzt, hängt mit seiner Entstehung zusammen, ist aber nicht wirklich geklärt.

Der Mond war am Anfang völlig oder zumindest zum größten Teil geschmolzen Ein zweites wichtiges Resultat der Apollo-Missionen war die Erkenntnis, dass der Mond kein primitiver, durch Zusammenballung kleiner Staubteilchen entstandener Planet ist. Vielmehr muss man annehmen, dass alle bisher untersuchten Mondsteine das Ergebnis von großräumigen Schmelz- und Kristallisationsvorgängen im Inneren des Mondes sind.

Ausgehend von der bereits mit freiem Auge erkennbaren Zweiteilung der für uns sichtbaren Mondoberfläche in dunkle und helle Bereiche ließen sich die dunklen Teile eisen- und titanreichen Basalten zuordnen, während die hellen Hochländer von aluminiumreichen Gesteinen dominiert werden. Diese helle Mondkruste enthält große Mengen an Anorthit, einem kalziumreichen Feldspat. Sie entstand, als das Magma abkühlte und sich in der Schmelze Kristalle bildeten. Da diese Kristalle eine geringere Dichte als das Magma aufwiesen, trieben sie an die Oberfläche des ursprünglichen Magmaozeans und reicherten sich dort an. Da die Mondkruste im Mittel 30 bis 60 km dick ist, muss das in den Feldspäten befindliche Aluminium aus einem mondweiten tieferliegenden Reservoir in die Kruste extrahiert worden sein – ein wichtiger Hinweis auf globale Schmelzprozesse. Auch die Erde besitzt eine feldspatreiche Kruste; Feldspäte sind die häufigsten Minerale der kontinentalen Erdkruste und auch in der ozeanischen Kruste ziemlich häufig.

Während der Anteil der Erdkruste an der Gesamtmasse der Erde nur weniger als ein Prozent beträgt, macht die Kruste beim Mond etwa zehn Prozent seiner Masse aus.

500 Mio. Jahre nach der Entstehung vor 4,56 Mrd. Jahren begann auf dem Mond die massive Eruption von Magmen, welche die riesigen Einschlagbecken der Vorderseite auffüllten. Da die lunaren Laven kein Wasser enthielten und nur einen relativ niedrigen Gehalt an Siliziumdioxid aufwiesen, waren sie extrem dünnflüssig. Sie überschwemmten große Gebiete des Mondes oft mehrfach. Auffallend waren bei den Basalten von Apollo 11 die für irdische Verhältnisse ungewöhnlich hohen Gehalte an Titan. Sie machen sich in einem großen Anteil des Minerals Ilmenit (eine Eisen-Titanoxid-Verbindung) in vielen Mondbasalten bemerkbar. Schon die Quellregion der Basaltmagmen musste erhöhte Titangehalte aufweisen. Man nimmt heute an, dass bei der Kristallisation des Magmaozeans die dichteren Eisenmagnesiumsilikate zusammen mit Eisen-Titanoxid abgesunken sind. Bei späterer Aufschmelzung dieses „Kumulats" entstanden dann die titanreichen Basalte.

Aussagen zur globalen chemischen Zusammensetzung des Mondes Die Zusammensetzung des Mondes insgesamt ist trotz zahlreicher Analysen von Mondsteinen nicht gut bekannt. Es gibt bisher keine Gesteine, die auch nur annähernd die Zusammensetzung des gesamten Mondes oder des Mondmantels widerspiegeln. Dies steht im Gegensatz zur Erde, wo ursprüngliche Mantelgesteine durch tektonische Bewegungen als massive Peridotitkörper oder in Form von in Magmen eingeschlossenen Xenolithen an die Oberfläche gelangen. Die Abschätzungen über die chemische Zusammensetzung des Mondes sind somit wesentlich unsicherer als diejenigen über die Erde.

Eine Welt ohne Atmosphäre

Zum ersten Mal konnten die Forscher eine durch keine Atmosphäre geschützte Planetenoberfläche direkt untersuchen. Es bestand kurz nach den Analysen der ersten Mondproben kein Zweifel mehr, dass fast alle Mondkrater Einschlagkrater sind, was von einigen Forschern bis zuletzt in Frage gestellt worden war. Sogar die großen dunklen Mondmeere der Vorderseite sind durch Magmen aufgefüllte riesige Einschlagkrater. Das Studium von Impaktkratern im Sonnensystem erlebte durch die Apollo-Missionen einen großen Aufschwung. Die Häufung der radiometrisch bestimmten Alter der Hochlandgesteine bei 3,9 Mrd. Jahren wird von einigen Autoren mit einer zu dieser Zeit erhöhten Einschlagtätigkeit in Verbindung gebracht, einem „late heavy bombardment". Ob es ein solches spätes Bombardement tatsächlich gegeben hat, ist noch nicht geklärt.

Der gesamte Mond ist von einer durch ständige Meteoriteneinschläge erzeugten, mehrere Meter dicken Staubschicht (Regolith) bedeckt. Die dominanten Gesteine der Mondoberfläche sind Impaktbrekzien, zusammengebackene mechanische Mischungen von durch Meteoriteneinschläge entstandenen Staub- und Steinkomponenten unterschiedlichster Herkunft.

Kosmische Strahlung verändert Mondgesteine

Da der Mond durch kein Magnetfeld geschützt wird, sind seine oberflächennahen Schichten der unabgeschirmten Einwirkung kosmischer Strahlung ausgesetzt. Die hochenergetische kosmische Strahlung kann dabei Atomkerne spalten und so neue chemische Elemente bilden, unter anderem zum Beispiel Edelgase oder radioaktive Isotope wie Alumnium-26. So lässt sich die Zeitdauer, die ein Stein der Höhenstrahlung ausgesetzt war, bestimmen. Diese so genannten Expositionsalter spielen bei der Datierung von Kratern eine große Rolle.

Ein ständig von der Sonne ausgehender Strom von Atomen, der Sonnenwind, wird in die Mineralkörner der obersten Schichten des Regolith implantiert. Dieser Sonnenwind macht sich vor allem in den leicht nachzuweisenden Edelgasen, insbesondere Helium-3 bemerkbar. Die Bedeutung der Oberflächenprozesse auf dem Mond lässt sich unmittelbar auf andere planetare Oberflächen ausweiten. Es gibt sogar Meteoriten, die mit Sonnenwindprodukten beladen sind und ähnlich wie der Mondstaub ihre Entstehungsgeschichte erkennen lassen.

Geophysikalische Experimente und Messungen

Der innere Aufbau des Mondes ließ sich vor allem durch die Seismometer, die bei fünf Apollo-Missionen auf dem Mond aufgestellt wurden, ermitteln. Dabei zeigte sich, dass es zu keinen größeren tektonischen Bewegungen im Inneren des Mondes kommt. Die Seismometer registrierten in der etwa acht Jahre dauernden Messzeit 1800 Meteoriteneinschläge, rund 30 kräftigere Beben in einer Tiefe von 100 km sowie 7000 sehr schwache Beben bei halbem Mondradius, die mit den durch die Erde induzierten Gezeitenkräften korreliert sind.

Viele der grundlegenden Fragen zur Struktur des Mondes sind noch ungeklärt. Gibt es überhaupt einen Mondkern, und wie groß ist er? Ist er flüssig oder fest? Die Größe eines möglichen metallischen Mondkerns wird auf Grund von Masse, Trägheitsmoment und geomagnetischen Messungen auf weniger als 400 km Durchmesser geschätzt, was zu weniger als fünf Prozent der Mondmasse führen würde.

Ist die Mondkruste einheitlich zusammengesetzt? Wie tief reichte der Magmaozean? Gibt es einen primitiven unteren Mondmantel, der niemals in Schmelzprozesse involviert war?

Aus Wärmeflussmessungen, wie sie bei Apollo 15 und 17 durchgeführt wurden, lassen sich im Prinzip die Gehalte von Thorium und Uran im Mondinneren feststellen. Beide Elemente sind radioaktiv und liefern bei ihrem Zerfall Wärmeenergie. Andere Wärmequellen gibt es nicht. Problematisch ist, dass der Wärmefluss an Stellen bestimmt wurde, die, wie man heute weiß, anomal hohe Konzentrationen an Thorium und Uran besitzen. Somit gilt der gemessene Wärmefluss nicht als repräsentativ für den gesamten Mond.

Die Messungen der magnetischen Eigenschaften von Mondsteinen zeigten, dass der Mond einmal ein der heutigen Erde vergleichbares Magnetfeld besessen haben muss. Das heutige Magnetfeld des Mondes ist jedoch um mehr als einen Faktor 100 geringer als das der Erde.

Die bei den verschiedenen Apollo-Missionen aufgestellten Reflektoren erlauben eine genaue Bestimmung des Abstands von Erde und Mond mit Laserstrahlen. Heute ist der Mond auf Grund der Gezeitenwechselwirkung mit der Erde 1,5 m weiter von uns entfernt als zur Zeit der Apollo-Missionen. Dafür verlangsamte sich in dieser Zeit die Rotationsperiode des Blauen Planeten um 0,6 ms.

Die geringen Mengen an Mondproben, welche die NASA an die Forscher verteilt hatte, führten zu einem starken Wettbewerb. Um Mondmaterial zu erhalten, stellte die Raumfahrtbehörde große Anforderungen an die Qualität der Analysen. Sie führte ständig Vergleiche der Analysenergebnisse verschiedener Labore durch, und wer „schlechte" Analysen publizierte, bekam keine Mondproben mehr. Auf diese Weise erhöhte sich infolge der Untersuchungen von Mondproben auch die Qualität chemischer und isotopischer Analysen von nichtlunaren Gesteinen wesentlich. Dieses Nebenergebnis lässt sich gar nicht hoch genug einschätzen.

Die Mondforschung nach den Apollo-Missionen

In den Jahren nach den Apollo-Missionen waren es besonders zwei Aspekte, die weitere Fortschritte in der Mondforschung ermöglichten: Erstens die Entdeckung von antarktischen Mondmeteoriten und später auch von

Mondmeteoriten aus der Sahara und anderen Wüsten. Zweitens die Ergebnisse der globalen Mondfernerkundungssatelliten Clementine und Lunar Prospector, die umfangreiche Daten über die Oberfläche des Mondes, insbesondere auch über die Rückseite und die Polgebiete, lieferten.

Im Jahre 1969 brachte eine japanische Expedition neun ungewöhnlich aussehende Steine aus der Antarktis zurück, die alle später als Meteoriten identifiziert wurden. Damit hatte sich eine neue, ergiebige Quelle für Meteoriten aufgetan. Jährliche Expeditionen vor allem aus den USA und Japan konnten inzwischen mehr als 20.000 Meteoriten in der Antarktis einsammeln. Ein seltsam aussehender, mit einer grünlichen Schmelzkruste überzogener Stein wurde im Jahr 1981 von einer amerikanischen Expedition mehr oder weniger zufällig mitgenommen. Der Geowissenschaftler Brian Mason von der Smithsonian Institution in Washington sah sich einen Dünnschliff an und erkannte sofort, dass es sich um ein Stück Mond handeln musste, denn das Gestein war ein buntes Gemisch aus Gesteinsbruchstücken, die in einer feinkörnigen Matrix eingebettet waren. Derartige Proben hatten auch die Apollo-Astronauten vom Mond mitgebracht. Dieser erste Mondmeteorit mit einer Masse von 31,5 g erhielt die Bezeichnung ALHA 81005, wobei die ersten zwei Ziffern das Fundjahr angeben und ALHA für die Region Allan Hills steht (Bild rechts oben).

Eigentlich hatten die Japaner in der Antarktis mit dem Meteoriten Yamato 791197 bereits zwei Jahre zuvor einen Mondmeteoriten gefunden, doch sie erkannten erst nach der Identifizierung des Mondmeteoriten aus den Allan Hills, dass es sich dabei um ein Stück Mond handelt.

Mondmeteoriten wurden durch kräftige Meteoriteneinschläge auf dem Mond mobilisiert und auf die Erde geschleudert. Es sind inzwischen mehr als 60 Mondmeteoriten bekannt. Der größte hat immerhin eine Masse von 13,5 kg. Die Reisedauer der Meteoriten vom Mond zur Erde lässt sich aus der Häufigkeit kosmogener, das heißt durch kosmische Strahlung gebildeter, Atomkerne ermitteln. Sie reicht von weniger als tausend Jahren bis hin zu etwa zehn Millionen Jahren.

Da die Ursprungsorte der Mondmeteoriten gleichmäßig über die Mondoberfläche verteilt sein sollten, müßte etwa die Hälfte dieser Meteoriten von der Rückseite des Mondes stammen. Dadurch erhalten wir Aufschluss über die Chemie, die Mineralogie und die Alter der Gesteine der Rückseite des Mondes. Ein Vergleich mit den Apollo-Proben zeigt, dass die Gesteine an den Apollo-Landestellen nur für einen kleinen Teil der Mondkruste repräsentativ sind. Untersuchungen an Mondmeteoriten enthüllen auch ein wesentlich größeres Spektrum in chemischer Zusammensetzung und

Altersverteilung. So wurde jüngst das Erstarrungsalter eines meteoritischen Mondbasalts zu 2,7 Mrd. Jahren bestimmt, fast eine halbe Milliarde Jahre jünger als die jüngsten Basalte der Apollo-Missionen. Offensichtlich war der Mond zu diesem Zeitpunkt noch nicht vollständig erstarrt.

Clementine und Lunar Prospector

Schon die ersten Bilder der Rückseite des Mondes, im Oktober 1959 von der russischen Sonde Luna 3 aufgenommen, zeigten einen wesentlich geringeren Anteil an dunklen „Mondmeeren“ als die uns vertraute Vorderseite. Die gängige Erklärung für das Fehlen von Marebasalten an der Rückseite ist die größere Krustendicke der Rückseite, die verhinderte, dass aus der Tiefe aufsteigende Magmen die Mondoberfläche erreichen konnten.

Clementine flog im Jahr 1994 zum Mond und kartierte auf ihrer polaren Umlaufbahn 95 % der Mondoberfläche. Sie fand durch Radarmessungen Hinweise auf Wasser in den Schattengebieten von Kratern. Die Sonde Lunar Prospector war mit einem Neutronen- und einem Gamma-Spektrometer ausgestattet und beobachtete in den permanenten Schattenzonen des Mondes eine Reduktion des epithermalen Neutronenflusses, ein Hinweis auf die Anwesenheit von Wasserstoffatomen im Gestein. Die Mission von Lunar Prospector endete mit dem gezielten Einschlag der Sonde in einer Gegend des Südpols, in der man Wasser vermutete. Die Forscher hofften, als Folge des Einschlags eine wasserdampfreiche Wolke nachweisen zu können. Das Ergebnis war negativ und der Nachweis von Wasser auf dem Mond ist somit noch nicht eindeutig erbracht (siehe Weblink am Schluss des Artikels).

Lunar Prospector bestimmte mit seinen Instrumenten auch die globale Verteilung einiger chemischer Elemente auf der Mondoberfläche. Besonders gut funktioniert das für das radioaktive Thorium-232, das bei seinem Zerfall eine hochenergetische Gammastrahlung aussendet, die sich zuverlässig messen lässt. Auch die Verteilung von Eisen wurde von Lunar Prospector ermittelt. Alle Messungen wurden mit den im Labor erhaltenen Daten von Apollo-Proben kalibriert.

Aus diesen Daten ergab sich ein neues, wesentlich detaillierteres Bild der Zusammensetzung der Mondoberfläche. Im Kasten auf dieser Seite ist die Verteilung der Elemente Thorium und Eisen auf der Vorder- und Rückseite des Mondes dargestellt. Auf Grund solcher Verteilungsmuster werden heute drei in Chemie und Mineralogie wesentlich unterschiedliche Gebiete definiert:

Verteilung wichtiger Stoffe auf der Mondoberfläche

Wie Eisenoxid (FeO) und Thorium über die Vorder- und Rückseite des Mondes verteilt sind, wurde aus den Daten der US-Raumsonde Lunar Prospector ermittelt. Auf den Karten lassen sich drei größere Bereiche identifizieren: Das Procellarum-KREEP-Terrain (PKT) mit hohen Gehalten an Thorium und FeO liegt im Nordwesten der Vorderseite. Das Feldspatreiche Hochland-Terrain (FHT) mit niedrigen Thorium- und FeO-Gehalten umfasst den größten Teil der Rückseite und größere Teile der Vorderseite und repräsentiert die helle feldspatreiche Kruste. Die South-Pole-Aitken-Impaktstruktur (SPA) ist mit einem Durchmesser von 2500 km das größte Einschlagbecken des Mondes. Die Gehalte an Thorium und FeO liegen zwischen denen der beiden anderen Komponenten. Die Gesteine des Kraterbodens könnten Komponenten des Mondmantels enthalten. Die Rauten sind die Landeplätze der Apollo- und Luna-Missionen.

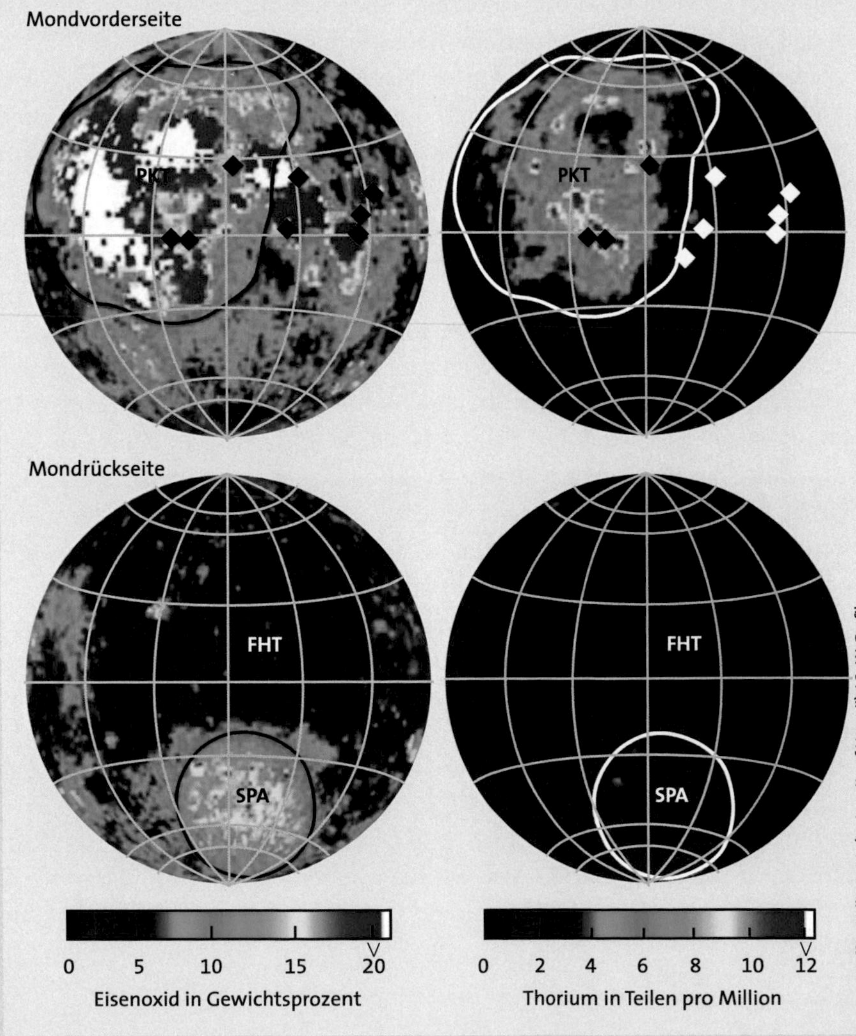

1. **Das Procellarum KREEP Terrain (PKT)** im Nordwesten der Vorderseite weist hohe Konzentrationen von Thorium und Eisenoxid (FeO) auf. Das Element Thorium repräsentiert die KREEP-Komponente mit hohen Konzentrationen von Kalium, Seltenen Erden (Rare Earth Elements, REE) und Phosphor. Zu dieser KREEP-Komponente gehören noch andere Elemente wie Barium, Rubidium, Cäsium etc. Alle diese Elemente werden auf Grund ihrer Ladung und/oder ihres Ionenradius bei der Kristallisation eines Magmas nicht in die Hauptsilikatminerale eingebaut und erreichen deshalb in den zurückbleibenden Restschmelzen hohe Konzentrationen.
   Die KREEP-Komponente repräsentiert die Restschmelze der globalen Monddifferenziation, also der Entstehung von Mondkruste, Mantel und einem eventuellen Kern. Während die schweren Eisen-Magnesium-Silikate nach der Kristallisation zum Boden des Magmaozeans sanken und die leichteren Feldspäte nach oben schwammen, sammelte sich die spurenelementreiche Restschmelze unterhalb der feldspatreichen Kruste an. Durch größere Einschläge im Bereich des Oceanus Procellarum (PKT im Kasten links) wurde sie über den nordwestlichen Teil der Vorderseite des Mondes verteilt. Die hohen FeO-Gehalte lassen sich auf zahlreiche eisenreiche Lavaflüsse in demselben Bereich des Mondes zurückführen.
2. Den Hauptteil des Mondes nimmt die **FHT-Komponente** ein, das Feldspatreiche Hochland-Terrain, ein Gebiet, das mehr als 60 % der Mondoberfläche ausmacht und sich chemisch durch niedrige Gehalte an Thorium und Eisen auszeichnet. Das ist die typische von der Erde aus zu beobachtende helle Hochlandkruste, im Wesentlichen ein Produkt der Kristallisation des lunaren Magmaozeans.
3. Eine dritte Komponente ist die **SPAKomponente,** benannt nach dem größten lunaren Einschlagbecken, der South-Pole-Aitken-Struktur mit einem Durchmesser von 2500 km. Im Kasten links ist zu sehen, dass die Gehalte an Thorium und Eisen höher sind als im normalen Mondhochland, aber niedriger als im Oceanus-Procellarum-Gebiet (PKT). Wenig ist über die Gesteine der SPA-Struktur bekannt. Man vermutet, dass die Kruste im Inneren des Kraters sehr dünn und vielleicht sogar mit Mantelgesteinen vermischt ist. Größere, vom Sonnenlicht abgeschirmte Teile der Struktur sind gute Kandidaten für die Existenz von Wasser.

Heute steht der Mond als differenzierter Himmelskörper im Vordergrund des wissenschaftlichen Interesses. Die Mondforschung versteht sich als Teil der vergleichenden Planetologie, einer neuen Wissenschaft, die versucht, Gemeinsamkeiten in der Struktur von Oberfläche, Aufbau und innerer Entwicklung größerer planetarer Körper zu erkennen. Ähnliche geologische Prozesse wie in der Frühgeschichte des Mondes muss es auch auf anderen Planeten gegeben haben. Ein Schlüsselwort ist hier der Begriff des „Magmaozeans", eines Meers von Schmelze, ein nahezu vollständig aufgeschmolzener Planet, der durch großräumige Differenziationsprozesse bei der Abkühlung seine heutige Struktur erlangt hat. Ein solches Stadium hat nach moderner Auffassung jeder größere Planet und somit auch die Erde vermutlich sogar mehrfach durchlaufen.

Die Entstehung des Mondes

Schon seit Längerem vermuten die Planetenforscher, dass der im Vergleich zu seinem Mutterplaneten sehr große Mond aus einer riesigen Kollision hervorging. Dabei stieß ein etwa marsgroßer Protoplanet mit der Erde zusammen und der Mond bildete sich aus der entstehenden Wolke von Gas und Schmelze. Die Einschlaghypothese ist vor allem geophysikalisch begründet, kann aber auch einige geochemische Eigenschaften des Mondes erklären:

- Der bekannte Gesamtdrehimpuls des Erde-Mond-Systems lässt sich zwanglos durch entsprechende Wahl der Einschlagparameter ableiten.
- Die Einschlaghypothese fügt sich gut in den Rahmen des Gesamtbilds der Entstehung der vier Planeten des inneren Sonnensystems ein.
- Die chemische und isotopische Zusammensetzung des Impaktors ist unbekannt. Sie kann bis zu einem gewissen Grad passend gewählt werden und stellt somit keine große Einschränkung für das Modell dar.

Ein riesiger Einschlag lässt den Mond entstehen

De favorisierte Hypothese zur Bildung des Mondes lässt den Erdtrabanten aus der Kollision der Urerde mit einem etwa marsgroßen Protoplaneten hervorgehen. In der hier dargestellten numerischen Simulation wird anhand von 100.000 Zellen die Entwicklung der Temperatur und die Herkunft der Teilchen verfolgt. Der Impaktor bewegt sich waagrecht von rechts nach links und kollidiert mit etwa zehn Kilometer pro Sekunde streifend mit der Erde. Die nicht zentrale Kollision ist notwendig, um auf die Erde den nötigen Drehimpuls zu übertragen.

Bei der Kollision bildet der Mantel des Impaktors nach einigen Umläufen um die Erde ein scheibenförmiges Gebilde aus Gas, Schmelze und Steinen, aus dem dann innerhalb eines Jahres der Mond entsteht. Der Metallkern des Impaktors stürzt schon kurz nach dem Impakt auf die Erde und verbindet sich mit dem Erdkern.

In der oberen linken Abbildung ist die Maximaltemperatur, welche die Teilchen später erreichen werden, in der Anfangskonfiguration dargestellt. Das heißt: Die Teilchen, die ursprünglich im Südwesten des Impaktors lagen (rote Teilchen), werden beim Impakt auf etwa 10.000 K erhitzt. Die grünen Bereiche des Impaktors, die nicht direkt mit der Erde kollidieren, werden weitaus weniger heiß.

Die Abbildungen in der unteren Reihe verdeutlichen das spätere Schicksal der Teilchen des Impaktors und der Erde. Die gelben Teilchen repräsentieren die Teilchen des Impaktors, die nach etwa 25 h in der die Erde umgebenden Scheibe enden. Sie sind das Muttermaterial des Mondes. Es lässt sich gut erkennen, dass der größte Teil der Materie des späteren Mondes, rund 80 %, aus dem Material des Projektils stammt. Dieses Ergebnis zeigte sich auch schon bei früheren Simulationen mit geringerer Auflösung und ist für die heute weitergeführte Diskussion über die Gültigkeit der Kollisionshypothese entscheidend. Die roten Teilchen in den Abbildungen der unteren Reihe wurden so stark beschleunigt, dass sie das Erde-Mond-System verlassen. Die blauen Teilchen enden auf der Erde. Das mittlere Bild unten ist eine Vergrößerung des Impaktors. Man erkennt deutlich, dass die am geringsten erhitzten Teilchen die Hauptmasse des späteren Mondes ausmachen.

Die Abbildungen ganz rechts zeigen die Erde und den Impaktor etwa 20 min nach dem Impakt. Der größte Teil des Mondes entsteht aus weniger stark erhitztem Material an der Vorderseite des Impaktors. Die Temperaturverteilung im Bild oben rechts ist nur für einen schmalen Bereich angegeben.

Neuere numerische Simulationen zur Mondentstehung von Robin Canup am Southwest Research Institute in Boulder (Colorado) beginnen mit etwa 100.000 Zellen, die über die Erde und den Impaktor gleichmäßig verteilt sind. Der Einschlag ist streifend, Impaktor und Mond treffen mit einer Geschwindigkeit von etwa zehn Kilometern pro Sekunde aufeinender. Es wird das Schicksal jeder Zelle rechnerisch verfolgt (siehe Kasten oben).

Das geochemisch wichtigste Ergebnis derartiger Simulationen ist die Tatsache, dass der heutige Mond zu rund 80 % aus dem Material des Mantels des Impaktors bestehen sollte. Das erklärt sofort den auffallendsten Unterschied zwischen Erde und Mond: Der Mond hat eine Gesamtdichte von 3,32 g pro Kubikzentimeter, die Erde dagegen ist mit 5,53 g pro Kubikzentimeter wesentlich dichter. Das ist auf den Erdkern aus Eisen und Nickel zurückzuführen, der 32 % des Volumens der Erde ausmacht. Der Mondkern, falls es ihn gibt, erreicht eine maximale Größe von fünf Prozent des Mondvolumens. Der Eisengehalt der Gesamterde beträgt etwa 31 %, für den Mond liegen die Abschätzungen zwischen acht und zwölf Prozent. Die Kollisionshypothese kann den geringeren Eisengehalt des Mondes leicht erklären, da ja die Hauptmasse des Mondes aus dem eisenarmen Mantel des Impaktors bezogen wird.

Die Einschlaghypothese für die Mondentstehung wird heute von den meisten Wissenschaftlern akzeptiert und erfreut sich großer Popularität. Doch der Erfolg der Einschlaghypothese ist primär auf die offensichtlichen Mängel der übrigen Mondentstehungshypothesen zurückzuführen. Es ist die Hypothese mit den wenigsten Problemen. Andere Hypothesen, wie die Abspaltung des Mondes von einer rasch rotierenden Erde nach George Darwin, oder dass die Erde den Mond einfing, oder dass sich Erde und Mond gleichzeitig aus einem gemeinsamen Reservoir bildeten, sind aus den verschiedensten Gründen nicht sehr plausibel (siehe Weblink am Ende des Beitrags).

Die Entstehung der inneren Planeten des Sonnensystems

Die Vorgänge, die zur Entstehung unseres Sonnensystems führten, sind heute zumindest qualitativ verstanden. Das Ausgangsmaterial für die Sternentstehung sind interstellare Molekülwolken, die durch ihre eigene Schwerkraft instabil werden und kollabieren. Lokale Kontraktionen führen zu Protosternen, die von Scheiben aus Staub und Gas umgeben sind. Fast die gesamte Materie dieser rotierenden Akkretionsscheiben endet schließlich unter Abgabe von Drehimpuls im jeweiligen Zentralgestirn. Der kleine Teil an Materie, der zurückbleibt – in unserem Sonnensystem rund 0,13 % der Gesamtmasse – bildet das Ausgangsmaterial für die Planeten und die kleineren Körper wie Asteroiden.

Im weiteren Verlauf sammeln sich mikrometergroße Teilchen, Kondensationsprodukte des sich abkühlenden solaren Nebels, in der Zentralebene der Akkretionsscheibe. Sie wachsen dort durch Zusammenstöße zu zentimetergroßen Objekten heran, die sich dann durch weitere Kollisionen zu meter- beziehungsweise kilometergroßen Körpern entwickeln. Planeten mit Massen von bis zu etwa 10^{23} kg, rund zwei Prozent der Erdmasse, entstehen durch rasche Akkretion lokalen Materials. Auf diese Weise konzentriert sich das Material der Akkretionsscheibe, das ursprünglich gleichmäßig in einer dünnen Scheibe ringförmig um die Sonne verteilt war, in 50 bis 100 Protoplaneten, die „Embryos“ genannt werden. Dieser Prozess dauert etwa 100.000 Jahre. Wechselseitige gravitative Störungen der Umlaufbahnen der Em-bryos führen zu Bahnüberlappungen, die weitere Kollisionen zur Folge haben. Das führt schließlich zur Bildung der inneren Planeten des Sonnensystems. In dieser zweiten Stufe, die etwa

10 Mio. bis 100 Mio. Jahre dauert, mischt sich Material aus unterschiedlichen heliozentrischen Entfernungen. So können nach diesem Modell durchaus mehrere Embryos zum Erdaufbau beitragen, die weiter außen im Asteroidengürtel entstanden sind. Die hier geschilderten Vorstellungen gehen im Wesentlichen auf Arbeiten von Viktor S. Safranov und George Wetherill zurück und wurden später von John Chambers, Allessandro Morbidelli und anderen verfeinert. Eine detaillierte Übersicht des derzeitigen Wissenstands über die Planetenentstehung findet sich im Artikel „Aufregende neue Planetenwelten" in „Sterne und Weltraum" 6/2009, S. 32–43.

Ein Rieseneinschlag, in dessen Folge der Mond entsteht, wäre dann ein durchaus normaler Vorgang in der Wachstumsphase der inneren Planeten – vielleicht der letzte große Einschlag in der Geschichte der Erde. Nach diesem Einschlag hätte die Erde ihre heutige Größe erreicht.

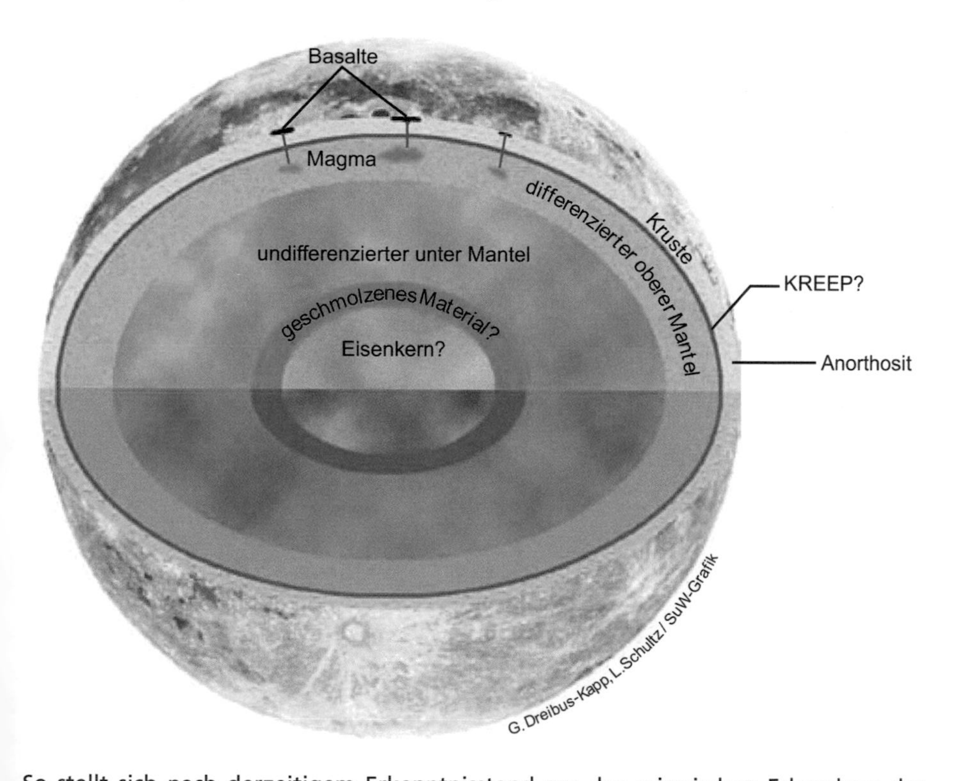

So stellt sich nach derzeitigem Erkenntnisstand aus der seismischen Erkundung der innere Aufbau des Mondes dar: Einer etwa 50 km dicken Kruste folgt ein wahrscheinlich differenzierter oberer Mantel mit einer Mächtigkeit von 500 km. An ihn schließt sich möglicherweise ein unterer undifferenzierter Mantel an, der bis in eine Tiefe von 1000 km reicht. Darunter könnte sich eine dünne geschmolzene Zone befinden. Ob im Innersten des Mondes ein Eisenkern mit einem Durchmesser von 400 km existiert, ist derzeit nicht geklärt

Sauerstoffisotopendiagramm

In diesem Diagramm werden die Sauerstoffisotopenverhältnisse gegeneinander aufgetragen. Auf der roten Linie liegen die Werte für irdische Gesteine und Mondproben. Physikalische Prozesse wie Kondensation und Verdampfung verschieben die Isotopenverhältnisse entlang dieser Fraktionierungslinie. Der Mars, der durch die SNC-Meteoriten (Shergotty, Nakhla, Chassigny) repräsentiert wird, weist eine andere Sauerstoffisotopenzusammensetzung als Erde und Mond auf, weit außerhalb der Fehlergrenzen. Die übrigen Buchstaben repräsentieren verschiedene Meteoritengruppen aus dem Asteroidengürtel. Jede besitzt ihr eigenes Reservoir, aus dem der Sauerstoff bezogen wurde. Mond und Erde bildeten sich entweder aus demselben Sauerstoffreservoir oder das Proto-Mondmaterial wurde mit terrestrischem Sauerstoff isotopisch equilibriert.

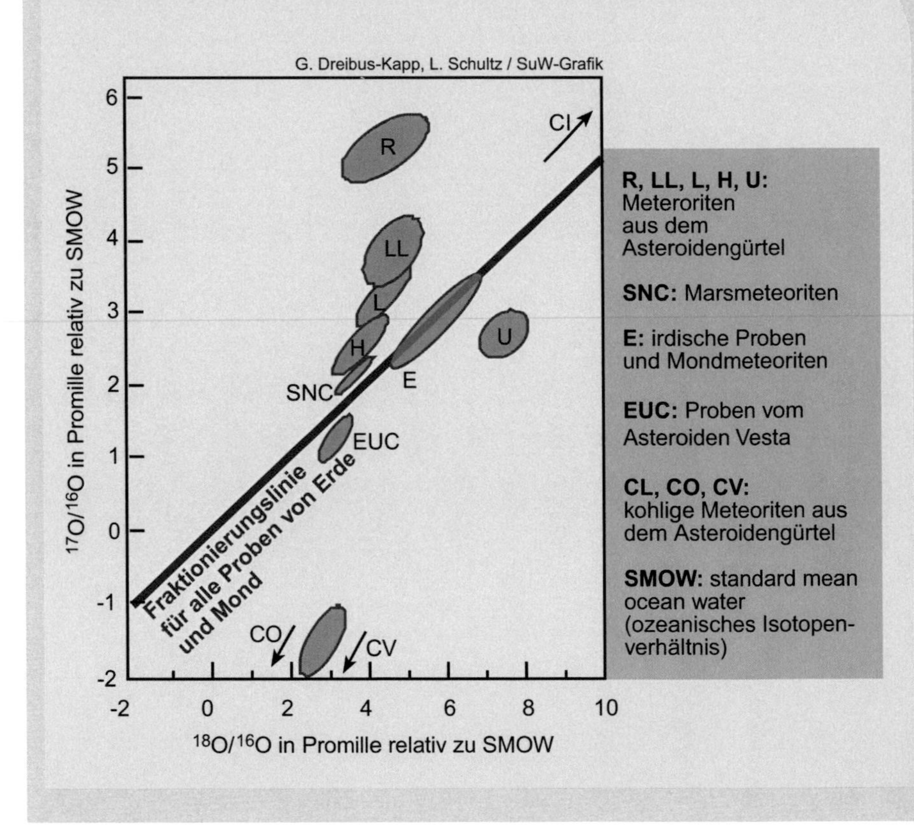

Geochemische Probleme der Kollisionshypothese

In den letzten Jahren äußerten manche Forscher jedoch Zweifel an diesen Modellvorstellungen. Die ausschlaggebenden Argumente stammen aus hochpräzisen Isotopenmessungen. Dies möchte ich an Hand des Sauerstoffs kurz erläutern: Das chemische Element Sauerstoff besitzt drei Isotope: ^{16}O mit 99,756 % aller Sauerstoffatome, das seltene ^{17}O mit 0,039 % und ^{18}O mit 0,205 %. Als Standard dient die mittlere Isotopenzusammensetzung von Ozeanwasser, SMOW (standard mean ocean water). Abweichungen vom Ozeanwasserverhältnis werden als δ in Promille angegeben.

In Sauerstoffisotopendiagrammen wird gewöhnlich $\delta^{18}O$ gegen $\delta^{17}O$ aufgetragen (siehe Kasten oben). Bei physikalischen Prozessen wie Verdampfung und Kondensation verschieben sich die Sauerstoffisotope so, dass der Effekt bei ^{18}O etwa doppelt so groß ist wie bei ^{17}O. Alle Proben eines Reservoirs liegen deshalb auf einer so genannten Fraktionierungslinie. Im Kasten ist sie für die Erde dargestellt. Die meisten Meteoriten liegen nicht auf dieser Linie, sie haben also ihren Sauerstoff aus einem anderen Reservoir bezogen.

Sehr genaue Messungen von Uwe Wiechert heute an der FU Berlin zeigten nun, dass die Sauerstoffisotopie der Erde und des Mondes völlig identisch ist, wie im Kasten angedeutet. Wenn der Mond zum größten Teil aus Impaktormaterial besteht, müsste er die Sauerstoffisotopie des Impaktors besitzen. Das ist aber bei der großen Variation der Sauerstoffisotopie im Sonnensystem sehr unwahrscheinlich.

In den letzten zwei Jahren wurde die Isotopie von Chrom und Titan sehr genau gemessen. Wieder zeigte sich, dass Erde und Mond identisch sind, während sich die meisten Meteoriten sowie der Mars von Mond und Erde unterscheiden. Das scheint Hypothesen, die für Erde und Mond dasselbe Reservoir annehmen, zu bestärken. Vielleicht ist die Verwandtschaft von Erde und Mond doch größer als gedacht. Ein Aufgeben der Einschlaghypothese zur Mondentstehung führt auch zu Zweifeln am Standardmodell der Planetenentstehung.

Dave Stevenson und sein Mitarbeiter Kaveh Pahlevan vom California Institute of Technology versuchen, die identischen Isotopenzusammensetzungen verschiedener Elemente von Mond und Erde mit einer Equilibrierung in der Frühphase der Mondentstehung zu erklären. Dabei ist die Erde nach dem Einschlag von einer heißen Gashülle aus verdampftem irdischem und Impaktormaterial umgeben, in der die Elemente durch

Vermischung eine gleichartige Isotopenzusammensetzung erreichten, das heißt equilibrierten. Die Modelle sind kompliziert und nicht unbedingt überzeugend.

Die entscheidende Frage, die es in nächster Zukunft zu klären gilt, ist einfach: Gibt es Elemente mit unterschiedlicher isotopischer Zusammensetzung auf der Erde und auf dem Mond? Bisher wurden keine gefunden. Für die Entstehung des Mondes reduziert sich das auf die Frage: Ist der Mond ein Verwandter der Erde oder nur ihr Nachbar, das zufällige Produkt einer Kollision mit einem fremden Planeten?

Während diese Messungen im Labor auf der Erde durchgeführt werden, sind für zukünftige Mondmissionen vor allem zwei Aspekte von Bedeutung. Die Untersuchung des Mondes mit seismischen Methoden ist ungenügend. Die innere Struktur des Mondes und vor allem die Frage nach der Existenz eines Mondkerns müssen geklärt werden. Die South-Pole-Aitken-Struktur muss besser untersucht werden, da sie möglicherweise Aufschlüsse über bisher unbekannte Schichten des Mondes gibt.

Weblinks und weitere Artikel zum Thema:
www.astronomie-heute.de/artikel/998803

Herbert Palme studierte in Wien Mathematik und Physik und war von 1971 bis 1994 wissenschaftlicher Mitarbeiter des Max-Planck-Instituts für Chemie in Mainz. Von 1994 bis 2008 war er Professor für Mineralogie und Geochemie an der Universität zu Köln, seit 2008 ist er ehrenamtlicher Mitarbeiter in der Sektion Meteoritenforschung des Forschungsinstituts und Naturmuseums Senckenberg.

Apokalypse light

Karl Urban

Seit den Apollo-Missionen glauben Forscher, der Mond und die Erde seien innerhalb kurzer Zeit von zahlreichen Meteoriten verwüstet worden. Diese Annahme ist wohl falsch. Muss die Geschichte des Sonnensystems neu geschrieben werden?

Die Apokalypse fand vor 3,9 Mrd. Jahren statt: Es hagelte geradezu Meteoriten. Viele davon waren so groß, dass sich alle späteren Einschläge der Erdgeschichte daneben beschaulich ausnehmen. Nicht nur die Erde wurde getroffen und jedes eventuell schon existierende Leben ausgelöscht. Auch für alle anderen Planeten unseres Sonnensystems und ihre Trabanten war der heftige Meteoritenhagel ein einschneidendes Ereignis. Der Erdmond mit seinen gewaltigen Einschlagbecken zeugt noch heute von diesem „Großen Bombardement", das sich 600 bis 700 Mio. Jahre nach der Entstehung der Planeten abgespielt haben soll.

So jedenfalls steht es heute in allen Lehrbüchern. Inzwischen bröckelt aber die Gewissheit der Forscher, dass die Zahl großer Meteoriteneinschläge vor 3,9 Mrd. Jahren schlagartig zugenommen hat [1]. Möglicherweise hat sich das Bombardement über einen viel längeren Zeitraum hingezogen. Erhärtet sich dieser Verdacht, müsste auch ein ganzes Kapitel der Geschichte unseres eigenen Planeten umgeschrieben werden.

K. Urban (✉)
Freier Journalist, Tübingen, Deutschland
E-Mail: urban@die-fachwerkstatt.de

K. Urban (Hrsg.), *Der Mond*, https://doi.org/10.1007/978-3-662-60282-9_15

Der Schatz der Astronauten

Am 24. Juli 1969 schreiben drei Astronauten Geschichte: Vier Tage, nachdem zwei von ihnen als erste Menschen auf dem Mond gelandet waren, kehren Neil Armstrong, Buzz Aldrin und Michael Collins zur Erde zurück. Im Gepäck haben sie die wohl wertvollste Fracht des Apollo-Programms – das Gestein eines anderen Himmelskörpers, erstmals von Menschenhand transportiert. Im Zuge weiterer Apollo-Missionen vergrößert sich dieser Schatz in den folgenden Jahren auf insgesamt 382 kg. Die Nasa verschickt winzige Brocken davon in Labore in aller Welt.

In dem Gestein stecken Mineralkörner, die von den Jugendtagen des Planetensystems erzählen. Ein Jahr nach der letzten Mondlandung ermitteln Geologen an der Universität in Sheffield anhand bereits zerfallener Uranatome das Alter mehrere dieser Mineralkörner. Die Astronauten hatten sie in drei verschiedenen großen Einschlagbecken auf dem Mond eingesammelt. Die Forscher stutzen: Alle Brocken sind rund 3,9 Mrd. Jahre alt. Sie müssen fast zeitgleich entstanden sein.

Hinzu kommt, dass die drei von den Raumfahrern besuchten Becken, die Maria Imbrium, Nectaris und Serenitatis, nicht irgendwelche Mondkrater sind. Sie gehören zu den größten Zeugnissen gewaltiger Einschläge auf dem Erdtrabanten. Sie sind sogar von der Erde aus problemlos mit bloßen Auge sichtbar; sie zeichnen sich als dunkle Flecken auf der Mondkugel ab. Der Größe der Becken nach zu urteilen müssen dort 240 km große Meteoriten niedergegangen sein. Die Forscher schlussfolgern: Es muss vor 3,9 Mrd. Jahren einen gewaltigen Meteoritenhagel gegeben haben, ein großes Bombardement, das das gesamte Sonnensystem in Mitleidenschaft zog.

Die Entdeckung des großen Bombardements änderte damals auch die Sicht auf die Geschichte unseres eigenen Planeten. Bei uns verwischen Plattentektonik und Erosion derart alte Spuren. Doch muss die Erde damals vergleichbar verwüstet worden sein, mit weitaus gravierenderen Folgen als auf dem Mond. Denn derartige Einschläge in kurzer Folge hätten alles Wasser verdampfen und einen guten Teil der Erdkruste in Lava verwandelt – und damit ziemlich sicher alles Leben auf der Erde ausgelöscht. Selbst ein Meteorit wie jener, der den Chicxulub-Krater in Mexiko schuf und zur Auslöschung der Dinosaurier beitrug, erscheint im Vergleich zu den Kalibern des großen Bombardements winzig: er war zehn mal kleiner.

Tatsächlich entstand und entwickelte sich das uns heute bekannte Leben erst nach dem großen Bombardement. Die ersten chemischen Indizien für Leben fanden Forscher in 3,9 Mrd. Jahre altem Gestein, verblüffend zeitnah zum großen Bombardement. Die ältesten Fossilien der Erde sind mit rund 3,5 Mrd. Jahren deutlich jünger.

Nur Biologen wunderten sich damals: Auch die ersten primitiven Organismen mussen schon komplexe biochemische Prozesse beherrscht haben. Forscher hatten Hunderte Millionen Jahre für die Evolution dieser Fähigkeiten bis hin zum Herausbilden erster Mikroben auf der Erde veranschlagt. In diesem Zusammenhang wirkt die Besiedelung der Welt unmittelbar nach einem großen, sterilisierend wirkenden Bombardement reichlich bizarr. Dieser Widerspruch ist ein erster Hinweis darauf, dass die Ereignisse vor 3,9 Mrd. Jahren möglicherweise weniger einschneidend waren als vermutet.

Wandernde Planeten

Auch von theoretischer Seite regt sich inzwischen Widerspruch. Im Jahr 2005 hatten Astrophysiker um Alessandro Morbidelli vom Observatorium der Côte d'Azur in Nizza ein Modell vorgeschlagen, das eine mögliche Erklärung für das späte Bombardement lieferte. Demnach haben sich die Bahnen der großen Gasplaneten Jupiter und Saturn lange nach ihrer Entstehung noch einmal stark verschoben – und dies mit gehörigem Kollateralschaden: Laut der Theorie hat die Wanderung dieser Gasriesen kurzzeitig gewaltige Störkräfte entfaltet und dabei einen dichten Ring aus Gesteinsschutt vom äußeren Planetensystem auf Bahnen nahe der Sonne befördert. In der Folge nahmen vor 3,9 Mrd. Jahren auf allen Planeten die Einschläge zu – und damit auch die großräumigen Zerstörungen, von denen die grossen Mondkrater noch heute zeugen.

Die meisten Planetenforscher stellte das Rechenmodell aus Nizza mehrere Jahre zufrieden. Doch nun wird es ausgerechnet von seinen eigenen Konstrukteuren in Frage gestellt. Morbidelli hält es inzwischen für plausibler, dass sich Jupiter und Saturn direkt nach ihrer Entstehung auf Wanderschaft begeben haben und das Meteoritenhagel bereits viel früher einsetzte. Demnach wäre das Bombardement vor 3,9 Mrd. Jahren nur der Ausläufer einer Entwicklung, die bereits mit der Entstehung des Sonnensystems begann [2].

Zu dieser Einsicht trugen auch entlarvende Bilder einer Raumsonde bei, die seit 2009 Jahren mit der bis dato besten Kamera den Mond umkreist: Der Lunar Reconnaissance Orbiter der Nasa zeigte, dass die Apollo-Astronauten mitnichten Gesteinsproben dreier verschiedener Einschlagbecken eingesammelt hatten. Stattdessen, das erkennen Geologen nun, hat sich wohl eine große Wolke Gesteinsschutt aus dem Imbrium-Becken auch auf die anderen zwei Maria ausgebreitet. Die Spuren des vermuteten großen Bombardements sind demnach nicht in mehreren Einschlagbecken zu finden, sondern nur in einem. Und die interplanetare Katastrophe, die die Geologen aus den damaligen Befunden ableiteten, erscheint im Licht der neuen Erkenntnisse reichlich übertrieben.

Die nächste Mondlandung

Kurz vor dem 50. Jahrestag der ersten Mondlandung liegt nun eine entscheidende Phase des Sonnensystems wieder im Dunkeln. „Klar ist zumindest, dass diese Einschlagbecken einmal entstanden sind", fasst Mondforscher Harald Hiesinger von der Universität Münster die gesicherten Erkenntnisse zusammen. Die Frage sei nun, wie und wann genau das passiert ist. Der Planetologe glaubt – wie eine wachsende Zahl seiner Kollegen –, dass die Becken auf dem Mond schlicht über einen langen Zeitraum entstanden und dass das Bombardement, das zu den größten Becken führte, entsprechend lange anhielt. Entsprechend wäre auch die Erde zwar immer wieder von großen Brocken getroffen worden, aber ohne dabei den gesamten Planeten selbst für Mikroben unbewohnbar zu machen.

Nun gilt es, die Geschichte des Planetensystems neu aufzurollen – angefangen mit dem Mond. Um das zu bewerkstelligen, würden die Forscher am liebsten Proben aus möglichst vielen unterschiedlichen Kratern einsammeln, um zunächst die Lücken im Geschichtsbuch des Erdtrabanten zu schließen: „Wir haben über lange Zeiträume zwischen 0,8 und 3,2 Mrd. Jahren überhaupt keine Proben", sagt Hiesinger. Der Mondforscher berät daher die Verantwortlichen hinter den zwei geplanten chinesischen Raumsonden Chang'e 4 landete am 3. Januar 2019 mit einem Rover im Aitken-Becken am Südpol. Dieses gilt aufgrund seiner vielen Krater als das älteste Einschlagbecken auf dem Mond überhaupt. Zugleich ist es eines der größten im Planetensystem.

Die frühstens 2020 folgende Sonde Chang'e 5 soll dann Proben in viel jüngeren Gesteinsschichten sammeln und diese für eine exakte Bestimmung des Alters zurück zur Erde schicken. Es wäre seit vier Jahrzehnten die erste Mission, die Gestein vom Mond auf die Erde bringt – und erst der Anfang. Denn auch Russland, Europas Raumfahrtagentur, Indien, Japan und mehrere private Raumfahrtunternehmen planen, in den nächsten Jahren Sonden zum Mond zu schießen. Ende des nächsten Jahrzehnts könnten sogar wieder Menschen auf dem Mond landen; das haben Donald Trump ebenso wie chinesische Funktionäre unlängst angekündigt. Vielleicht also werden einige Geologen die Antworten auf das alte Rätsel schon bald vor Ort ergründen können.

Erschienen am 6. April 2018 in der Neuen Zürcher Zeitung.

Literatur

1. Bottke, W. & Norman, M.: The Late Heavy Bombardment. Annual Review of Earth and Planetary Sciences. https://doi.org/10.1146/annurev-earth-063016-020131 (2017)
2. Morbidelli, A. et al.: The timeline of the Lunar bombardment – revisited. Icarus. https://arxiv.org/pdf/1801.03756 (2018)

Mensch, zum Mond! – Was von Apollo bleibt

Karl Urban

Wir wollten zum Mond, weil wir die Ersten sein wollten. Wir wollten zum Mond, nicht weil es einfach war, sondern schwierig. Wir wussten nicht, ob es gelingen würde, aber es gelang: Wir flogen zum Mond, hinterließen Flaggen, Instrumente und Fußspuren. Nur: Was hat es uns gebracht? Der Flug zum Mond prägte die Menschheit, heißt es, weil der Perspektivwechsel sie erfahren ließ, dass sie alleine ist und ihre Welt begrenzt. Doch 50 Jahre später fragen wir uns, wohin der kleine Schritt die Menschheit tatsächlich geführt hat.

Es war ein Weltereignis, das bis heute nachhallt: Der Start der Saturn V am 16. Juli 1969. Ich selbst war nicht nicht dabei: Als ich zur Welt kam, war die letzte Mondlandefähre schon ein Jahrzehnt verlassen. Was ich aber mit der Muttermilch aufsog, war dieses Gefühl. Schon in in meiner Kindheit war ich von Raumschiffen umgeben – und ich gab Captain Kirk aus Star Trek recht [1]: „Es hieß mal, wenn der Mensch fliegen könnte, hätte er Flügel. Aber er ist geflogen. Er stellte fest, dass er das musste. Hätte die erste Apollo-Mission den Mond lieber nicht erreichen sollen? Und hätten wir nicht zum Mars weiterfliegen sollen?"

Die Menschen sollten ins All fliegen, zu anderen Himmelskörpern aufbrechen. Genau in diesem Zeitalter wuchs ich auf und es erfüllte mich genauso wie den Rest der Gesellschaft. Dachte ich. Unter den Soziologen ist

K. Urban (✉)
Freier Journalist, Tübingen, Deutschland
E-Mail: urban@die-fachwerkstatt.de

K. Urban (Hrsg.), *Der Mond*, https://doi.org/10.1007/978-3-662-60282-9_16

die Raumfahrt zumindest kein Thema, sagt Dierk Spreen: „Es gibt zwar ein paar, die sich damit immer mal wieder befasst haben. Aber es gibt keinen systematischen Diskurs." Spreen ist Raumfahrtsoziologe, einer von ganz wenigen, wie ich schnell feststelle. Merkwürdig: Sollte diese enorme technische Meisterleistung, die nie dagewesene Grenzerweiterung des Menschen und noch dazu das Medienereignis des 20. Jahrhunderts die Gesellschaft doch nur gestreift haben? Blieb es am Ende ein kleiner Schritt für einen Menschen?

Kennedys große Worte

50 Jahre sind eine lange Zeit. Vieles hat sich geändert, seit der Adler im Meer der Ruhe aufsetzte. Ich stoße auf der Suche nach der menschlichen Seite der Mondlandung erst einmal auf die Geburtsstunde von Apollo. Oder was ich dafür halte: den 25. September 1962 im Football-Stadion der Rice-University Houston. Es ist brütend heiß. Den geladenen Gästen hinter dem Redner läuft der Schweiß übers Gesicht. Aber Kennedy strotzt vor Energie [2].

» John F. Kennedy
„We choose to go to the moon in this decade and do the other things, not because they are easy, but because they are hard."

Es ist ein Heimspiel für Kennedy. Er vollführt hier den dritten oder vierten Schritt seiner Politik und will die US-Gesellschaft auf das Ziel Mond einschwören. Ich gehe weiter zurück, vom September 1962 in den April 1961. Der gleiche Redner, eine andere Tonlage: Seit drei Monaten erst ist JFK im Amt. Er hält eine Rede zur Lage der Nation vor dem Kongress, was so kurz nach der Amtseinführung ungewöhnlich ist. Es seien außergewöhnliche Zeiten, sagt er, mit einer außergewöhnlichen Herausforderung. Keine Rolle in der Geschichte sei schwieriger oder wichtiger gewesen als die seine. Ich stelle fest: Es geht gar nicht um den Mond. Vor dem Kongress spricht Kennedy über atomare Aufrüstung, Arbeitslosigkeit, die Verteidigung der Vereinigten Staaten gegen die Sowjetunion. Der US-Geheimdienst ist bei der unterstützten Invasion der Schweinebucht auf Kuba gescheitert und die Regierung steht vor einem innen- wie außenpolitischen Debakel. Erst ganz am Ende, an neunter Stelle seiner 45 min langen Rede [3], Kennedys Antwort auf eine weitere Kränkung: Juri Gagarin hat gerade als erster Mensch die Erde umkreist.

» John F. Kennedy
„Wir können nicht garantieren, dass wir eines Tages die Ersten sein werden. Aber wir können uns sicher sein, dass wir die Letzten sein werden, wenn wir es gar nicht versuchen. Ich glaube, wir sollten zum Mond fliegen. Aber ich denke, jeder Bürger dieses Landes wie auch die Mitglieder des Kongresses sollten sorgfältig abwägen, wenn sie in dieser Angelegenheit entscheiden."

Kennedy benutzt ein starkes Bild, um den Abgeordneten die Entscheidung leicht zu machen – neben dem offensichtlichen Wettrennen gegen die Sowjetunion ist es die „last frontier", die letzte Grenze: „Man kann es nicht überschätzen, wie wichtig diese präsidiale Rede gewesen ist", sagt Helmuth Trischler, der Technikhistoriker am Deutschen Museum in München ist. „Die Rede hat viele Stereotypen bedient und dann die Nation hinter diesem Programm versammelt. Da geht es um den Mythos in der amerikanischen Geschichte." Die „Frontier" ist die Idee, dass die USA sich von Osten nach Westen bewegt hat und sich diesen riesigen Kontinent allmählich angeeignet hat und die Grenze immer weiter nach Westen verschoben wurde. Diesen Frontier-Mythos kann man plötzlich in eine Grenze hinein verlagern und dann geht es jenseits der Erde in die neue Frontier. Der Weltraum wird erobert.

Vordenker lange vor den Raumflügen

Dierk Spreen, einer von sehr wenigen Raumfahrtsoziologen weltweit, blättert in Berlin-Steglitz in einigen Bänden seiner Privatbibliothek. Bücher, die älter sind als das Apollo-Programm. Er will mir zeigen, was damals längst in der Luft lag. Da ist etwa Hermann Noordung, ein Raumfahrttheoretiker: In seinem Buch von 1929 erkenne ich rotierende Raumstationen mit künstlicher Schwerkraft, Basen auf dem Mond und Bergbaumaschinen [4]. All das wurde lange vor dem Raumfahrtzeitalter entworfen und durchgerechnet.

Vom späten 19. Jahrhundert bis in die 1950er Jahre schienen Flüge ins All immer realistischer zu werden – und zeitgleich zu Science-Fiction-Autoren und Ingenieuren begannen auch andere, sich mit den fantastischen Möglichkeiten zu befassen. „Zu der damaligen Zeit haben viele bekannte Autoren, Philosophen, Carl Schmitt auch, was zur Raumfahrt gesagt, weil es ein aktuelles Thema war", sagt Spreen. Der Philosoph und Staatsrechtler Schmitt analysierte in seiner Schrift „Nomos der Erde" im Jahr 1950, wie der Mensch im Laufe der Geschichte immer neue Räume erschloss, durch Technik: Fürs Land brauchte er Straßen, für die See Schiffe, für die Luft Flugzeuge. Und bald käme etwas Neues dazu. Schon ein Jahr vor ihm schrieb der Soziologe Helmuth Plessner [5]:

> » „In den ersten Weltraumraketen, welche die Versuchsabteilungen der amerikanischen Armee aus dem Gravitationsfeld der Erde gebracht haben, brauchen wir nicht nur verderbenbringende Waffen eines neuen Krieges um die Erdherrschaft zu fürchten. Sie sind zugleich die Vorboten einer kommenden planetarischen Einheit der Völker, wie sie in der Logik der Entwicklung immer umfassenderer politischer Subjekte und ihrer stets intensiver werdenden Interessenverflechtung liegt."

Dirk Spreen ergänzt: „Der Mensch ist nie das Wesen, das nur da ist, wo es ist. Sondern er lebt immer über sich und über seine Gesellschaft und über die Zeit, in der er lebt, hinaus. Und das muss er auch, weil sonst könnte er gar kein Mensch sein. Und die Raumfahrt passt da wunderbar hinein. Das ist dieses Ausgreifende. Der Weltraum rückt in den Bereich dessen, was Menschen erreichen können." Die 60er Jahre zählen die Soziologen zur konstruktivistischen Moderne. Einer Epoche, in der noch alles möglich schien, „weil da oben muss man ja keine Rücksicht nehmen auf irgendetwas, sondern man setzt einfach eine Raumstation dahin und baut die so, wie man Lust hat", sagt Spreen. „Es muss nur irgendwie dafür gesorgt sein, dass sie auch im Orbit bleibt."

Aus räumlicher Freiheit erwuchs persönliche Freiheit. Der Vordenker der Raketen Konstantin Ziolkowski, selbst von Kindesbeinen an beinahe taub, formulierte in einem Science-Fiction-Roman einen Aufruf der glücklichen Himmelsbewohner an ihre Gefährten, die noch auf der Erde weilten, weil man „hier im Paradies lebe“, was besonders für Kranke und Schwache gelte. „Da steckt die Idee drin, dass Diskriminierungen aufgrund körperlicher Kriterien nicht legitim sind“, sagt Dierk Spreen. „Und das verbindet sich auch von vornherein mit der Raumfahrt.“

Damals gibt es sie noch: die Idee eines neuen Menschen, die ich aus dem Science Fiction kenne, der sich nun, im anbrechenden Raumfahrtzeitalter, mit grenzenlosem Optimismus paart und mit Verheißungen ohne gleichen. Diesen leeren Raum „befüllt“ auch Kennedy. Er verspricht, der Weltraum könne die Probleme auf der Erde lösen. Aber seine Idee klingt völlig fantastisch: 1961 ist das All geradezu unerschlossen. Noch immer explodieren Raketen auf den Startrampen. Schimpansen und Hunde haben gerade erst bewiesen, dass Säugetiere in der Schwerelosigkeit überhaupt überleben können. Wie ist es dem US-Präsidenten gelungen, den Kongress davon zu überzeugen, ihm für derart schwindelerregende Fantasien so viel Geld zu geben? Es waren neun Milliarden Dollar für die ersten fünf Jahre. Bis zum Ende des Programms wurden es viel mehr.

„Man muss sich vorstellen: Es sind damals fast 24 Mrd. Dollar von den USA verbrannt worden, in Anführungsstrichen“, sagt Helmuth Trischler, „was aus heutiger Sicht weit mehr als 100 Mrd. Dollar sind.“ Um die Überlegenheit gegenüber der Sowjetunion zu beweisen: eine vertretbare Summe? „Wenn wir uns mal überlegen, welche anderen Programme es im 20. Jahrhundert gegeben hat, dann fallen mir auch militärische Programme ein, die noch viel mehr Ressourcen absorbiert haben“, sagt Trischler. „Nehmen wir mal den Zweiten Weltkrieg. Nehmen wir mal die deutsche Luftrüstung, ein unendlich aufwendiger militärischer Komplex, der im Zweiten Weltkrieg hier entstanden ist, der in Deutschland ungefähr zwei Millionen Arbeitskräfte gebunden hat. Bei Apollo waren es 400.000 Beschäftigte, die hier gebunden wurden.“

Und da war das Manhattan-Projekt, die Entwicklung der Atombombe, das damals 200.000 Arbeitskräfte absorbiert hat. All das waren Rüstungsprojekte – und von Aufrüstung haben die Menschen genug, die Erinnerungen an Weltkrieg und Koreakrieg sind frisch. Kennedy kalkuliert das ein, als er seine große Idee formuliert. Aber die Öffentlichkeit glaubt an ein großes Menschheitsprojekt – selbst als die 60er Jahre ihrem Ende entgegengehen. Der Vietnam-Krieg, ein brutaler und verlustreicher Konflikt, lässt die US-Bürger an der Regierungsarbeit zweifeln. Studentenproteste, gewaltsame Polizeieinsätze, Rassenkonflikte, die Ermordung von Kennedy, Martin Luther King. Selbst der technische Fortschritt erlebt herbe

Rückschläge: Die Apollo-Astronauten Gus Grissom, Edward White und Roger Chaffee sterben 1967 bei einem Feuer während des Trainings.

Am Ende klappt es aber doch. Der Mensch erreicht den Mond. Es gelingt sechs Mal innerhalb von drei Jahren: das kurze Mondfahrtzeitalter der Menschheit. Bei der Landung von Neil und Buzz schauen nach NASA-Schätzung eine halbe Milliarde Menschen zu, ein Sechstel der Erdbevölkerung.

» Dierk Spreen

„Ich bin mir übrigens ziemlich sicher, dass ich mich daran erinnern kann. Das war meine erste Fernseherfahrung, so verwaschen. Ich weiß, dass ich nur ein ganz kleines Kind war. Aber es waren einfach diese Bilder: Dass da irgendwie – dass da so etwas Weißes vor einem schwarzen Hintergrund war und alle starren spät in der Nacht dahin – vermutlich hat mich am meisten beeindruckt, dass es spät in der Nacht war – auf diesem Monitor und man versteht kein Wort. Und das kann nur die Mondlandung gewesen sein."

» Helmuth Trischler

„Ich war bei mir zu Hause bei meinen Eltern damals. Ich war damals elf Jahre alt. Wir hatten erst kurz zuvor, also 1968, zum ersten Mal einen Fernseher. Also einen solch großen Effekt hat es auf mich nicht gehabt, dass wir uns jetzt tagelang in der Schule nur darüber unterhalten hätten. Ich kann mich gar nicht erinnern, dass ich mich später mit meinen Mitschülern darüber ausgetauscht habe, merkwürdigerweise."

Hinterlässt die Mondlandung mehr bei den Menschen, als die Erinnerung an eine schlaftrunkene Nacht vor einem winzigen, verrauschten Fernsehapparat? Wohl jeder, der 1969 bereits wach denkend dabei war, kann sich bis heute daran erinnern. „Es ist eigentlich schon sehr verwunderlich, dass sich die Soziologie nicht weiter mit dem Phänomen beschäftigt hat", sagt Dierk Spreen. „Wir haben damals auch versucht, uns das zu erklären. Vielleicht hat es damit zu tun, dass einfach noch nicht so viele Menschen im Weltraum gewesen sind."

Der Soziologe schrieb zeitweise Politikerreden, während er seine raumfahrtsoziologischen Studien als Hobby betreibt. Dabei sind die Gesellschaftswissenschaften seit den 60er Jahren nicht frei von neuen Diskursen: Gleichberechtigung oder die Globalisierung rütteln nur wenige Jahre nach der Mondlandung die Forschung auf. „Das kann aber auch damit zu tun haben, dass in der Soziologie letztendlich so ein Unter-zwei-Meter-Paradigma herrscht, dass man auf Augenhöhe über dem Boden bleibt", sagt Spreen.

Das Rennen war vorbei

Das öffentliche Interesse erlahmt mit den weiteren Mondlandungen wieder. Mit Ausnahme der Beinahe-Katastrophe von Apollo 13 beschäftigen die Menschen der frühen 70er Jahre ganz andere Dinge. Es sind irdische Probleme, die immer mehr in den Vordergrund rücken. Auch die Raumfahrt wird bescheidener, die Budgets werden gekappt. „Das bricht mit Apollo ab. Und schon mit dem Post-Apollo-Programm kommt ein anderer Rechtfertigungszwang ins Spiel", sagt Helmuth Trischler. „Die NASA ist mit dem Ende des Apollo-Programms in eine enorme Krise hineingeraten."

Und die Zeitenwende hin zu einer interplanetaren Spezies – hat es wirklich gar nichts mit den Menschen gemacht? Nun: sie hatten das Rennen gewonnen. Viele Leute dachten jetzt: Warum sollte ich weiterrennen, wenn wir das Rennen gewonnen haben? Wie die meisten Leute, vor allem die jungen, haben viele die Sache damals einfach aus den Augen verloren und für 20 oder 25 Jahre nicht mehr darüber nachgedacht.

Dennoch waren Menschen zum Mond geflogen, hatten sich 380.000 km von der Erde entfernt, hatten diese graue, ungastliche und tote Steinwüste umkreist und waren auf ihr spazieren gegangen. Sie hatten immer und immer wieder den Blick an den Horizont gerichtet: Die Erde ist in dieser Entfernung leicht mit der ausgestreckten Hand zu verdecken. Ein einsamer Fleck in der umhüllenden kosmischen Dunkelheit, frei nach dem US-Astronom Carl Sagan. Was passierte eigentlich mit diesen zwölf Moonwalkern und ihren Kommandanten im Mondorbit? Der in den USA lebende britische Journalist Andrew Smith hat sich diese Frage vor 17 Jahren gestellt. Neun Moonwalker waren damals noch am Leben; die besuchte er. Smith schrieb ein Buch über die Begegnungen [6].

„Ich meine, was passiert, nachdem du so etwas Monumentales getan hast, wie auf dem Mond zu sein?", fragte sich Smith. „Ist der ganze Rest deines Lebens dann nicht ein Abstieg und eine einzige lange Enttäuschung? Das schien mir eine wichtige Frage für uns, die wir auf der Erde leben." Andrew Smith suchte und fand alle noch lebenden Apollo-Veteranen, die ihm ihre Geschichten erzählten. „Ich begann zu erkennen, dass sie sehr interessante und unerwartete Pfade eingeschlagen hatten. Aus einem wurde eine Art New Age-Guru in Florida. Ein anderer wurde Maler und malte nur noch Szenen der Mondlandungen, und das endlos."

Einen Kommandanten des Apollo-Kommandomoduls fand er auf einer Star-Trek-Convention, als dieser Autogramme für 20 Dollar verkaufte. Der Astronaut war von diesen ganzen Schauspielern umgeben, die vor ihren Tischen lange Schlangen hatten. Und dort war er, der wirklich am Mond gewesen war, und saß an einem Tisch mit gerade zwei oder drei Leuten und manchmal gar keinem.

Auch die wohl berühmtesten Mondfahrer verschwanden nach wenigen Jahren konstanter Publicity in der Versenkung. „Neil Armstrong ging von der NASA weg und unterrichtete Luftfahrttechnik an der Universität von Cincinnati. Aber der Druck beständiger Berühmtheit setzte ihm wirklich zu", sagt Andrew Smith. „Armstrong mochte das nicht, kündigte und wurde ein richtiger Einsiedler. Und Buzz Aldrin verkaufte ein paar Jahre nach Apollo 11 Autos." Die Astronauten plagten bald berufliche Ängste: Drei noch geplante Apolloflüge wurden gestrichen, im Post-Apollo-Programm waren weit weniger Astronauten gefragt und der erste Start des Space Shuttles verzögerte sich. Der Mond setzte aber auch ganz andere Energien frei, etwa bei jenem Astronauten, der beinahe zu einem Guru wurde. Er gründete das „Institute of Noetic Sciences", in dem Telepathie und Hellsehen erforscht werden sollten. Der Autor Andrew Smith sagt über ihn:

» **Andrew Smith**
„Edgar Mitchell war auf Apollo 14 geflogen. Auf dem Weg zurück hatte er etwas, das er als Erleuchtung bezeichnete. Er fühlte ein Bewusstsein im Universum und er verbrachte

den Rest seines Lebens damit, herauszufinden, was das war. Er war umgeben von Leuten, die an paranormales Zeug glaubten, was er nicht tat. Er versuchte, rationale Erklärungen für das alles zu finden. – Sie waren alle um die 30, 40 Jahre alt. Und nachdem sie auf dem Mond waren, mussten sie etwas ganz Anderes finden. Wenn Sie gutes Material für eine Midlife-Krise suchen. Bitte schön: Das ist wie der perfekte Sturm."

Das neue Zeitalter

So hätte ich mir das Ganze nicht vorgestellt: Der Aufbruch endete mit einem Absturz. Manche Astronauten machten zwar weiter bei der NASA

Karriere. Aber dieses erhabene Gefühl, als Menschheit einen großen Schritt vorangekommen zu sein, dürften zumindest die Astronauten in den ersten Jahren nach ihrer Rückkehr kaum noch empfunden haben.

„Hätte die erste Apollo-Mission den Mond lieber nicht erreichen sollen? Und hätten wir nicht zum Mars weiterfliegen sollen?" – Als diese Worte von Star-Trek-Darsteller William Shatner gesendet wurden, die 50. Folge von Star Trek, schrieb man das Jahr 1968. Der Science Fiction antizipierte den Aufbruch ins All. Dierk Spreen, heute raumfahrtbegeisterter Soziologe, stürzte sich in seiner Jugend auf die Romanheftreihe Perry Rhodan, ein Plot, der erstmals parallel zu Kennedys großen Versprechungen erschien: Eine Science-Fiction-Geschichte von 1961, acht Jahre vor der ersten Mondlandung. Der US-Major Perry Rhodan landet darin auf dem Mond. Die fiktiven Astronauten finden auf dem Mond ein fremdes Raumschiff einer anderen Rasse und eignen sich deren Technologie an.

Es ist ein neues Zeitalter, markiert durch die Mondlandung. „Das merkt man auch, wenn man das liest: Es ist eine Aufbruchstimmung", sagt Dierk Spreen. „Wir können das; wir machen das. Bei Perry Rhodan sind damit auch immer politische Gerechtigkeitsfragen verbunden. Also wenn wir das können, dann können wir auch die Welt besser machen. Dann können wir auch dafür sorgen, dass sich die Menschen nicht mehr bekriegen müssen."

Es ist ein Motiv, den der Science Fiction jener Zeit gerne rezipiert. Im Roman *2001, A Space Odyssey* von Arthur C. Clarke [7], der noch 1968 auch als Kinofilm von Stanley Kubrick erscheint, ist es ein außerirdischer Monolith, den Astronauten auf dem Mond finden. Science Fiction und Realität scheinen zu verschmelzen, um dann doch getrennte Wege zu gehen.

Ein Bild, das die Welt veränderte

Am Ende finde ich doch noch den Hinweis auf den neuen Menschen in der realen Welt, den ich schon die ganze Zeit suche. Ausgerechnet Guru-Astronaut Edgar Mitchell liefert ihn. Er steckt in einem Vorwort, kurioserweise eines Buchs über den Bau von Ufos von 1974 [8].

» **Edgar Mitchell**
„Die Aussicht aus dem All hat mir wie kein anderes Ereignis meines Lebens gezeigt, wie begrenzt der Blick des Menschen auf sein

eigenes Leben und auf den Planeten ist. In unserem übersättigten Wissen und unserer knappen Weisheit sind wir kurz davor, den Rand globaler Zerstörung zu erreichen."

Das neue Zeitalter: Der Beginn der Umweltbewegung. Astronaut William Anders hatte beim Vorbeiflug am Mond 1968 ein Bild geschossen, vielleicht *das* Bild der bemannten Mondfahrt. Earthrise, der Erdaufgang. Es wurde zum Symbolbild dieser neuen Zeit. Aus soziologischer Sicht beginnt die reflexive Moderne. Der Mensch beginnt, die Probleme seines Schaffens zu erkennen. „Diese Erfahrung der Fragilität der Erde, diese Verletzlichkeit, diese dünne Schicht der Erdatmosphäre: Man sieht plötzlich diese ikonischen Bilder, die einen neuen Blick auf die Menschheit ermöglichten, die auch unter Bedrohung steht", sagt Helmuth Trischler. „Man blickt jetzt plötzlich von außerhalb der Erde, vom Kosmos, auf die Erde zurück und wird auch zurückgeworfen auf die eigene Menschheit. Offensichtlich muss man dafür zum Mond fliegen. Man musste es, um diese, im wahrsten Sinne des Wortes, neue Perspektive zu erfahren und zu sehen."

Es ist auch eines der Dinge, die Andrew Smith am Apollo-Programm gefallen: „In jeder Ebene erinnert es uns daran, wie komplex der Mensch ist. Denn es war in jeder Hinsicht eine dumme Idee. Ich meine, was soll das? Wir sind hingeflogen und haben auf dem Mond gesessen, was wir wirklich auch mit Robotern hätten tun können. Die Forscher hatten das ursprünglich sowieso vorgehabt. Wir haben nicht wirklich viel Forschung gemacht. Und die hätten wir anders viel günstiger und einfacher haben können. Und trotzdem: Hätten Sie gern, dass die Mondlandung nicht passiert wäre? Nein!"

Doch nach Apollo verliert die Raumfahrt ihr futuristisches Antlitz: Sie soll nicht mehr um ihrer selbst, als Zeichen des Aufbruchs des Menschen ins All existieren. Die internationale Raumstation, deren Preisschild von über 100 Mrd. Dollar im Bereich des Apollo-Programms rangiert, zeigt genau das. „Das Post-Apollo-Programm, der Bau des Shuttles und der Internationalen Raumstation hat dann eine ganz andere politische Argumentationslinie eröffnet. Und die geht viel stärker in diese Richtung, der Verknüpfung der Raumfahrt mit ökonomischen Zielen", sagt Helmuth Trischler.

Raumfahrt muss jetzt nützlich sein. Dierk Spreen sieht in der Raumfahrt seit jener Zeit ein immer wichtiger werdendes gesellschaftliches Projekt.

„Also müssen Sie sich auch die Fragen stellen lassen, die sich alle anderen gesellschaftlichen Akteure auch stellen lassen. Und dass die Raumfahrt, wie das jetzt lange Zeit war, quasi in elitären Zirkeln ausgehandelt wird, irgendwie zwischen Politik und Lobbygruppen: Mit zunehmender Integration der Raumfahrt in die Gesellschaft wird das hinterfragt."

Jetzt will mich trotz alledem ein Gefühl nicht verlassen: Dass wir noch immer, oder wieder, etwas von diesem Gefühl in uns tragen. Der Weltraum kann erforscht und beherrscht werden, ohne das Feuer des Krieges zu schüren, ohne die Fehler zu wiederholen, die der Mensch gemacht hat, als er sich auf unserem Globus ausgebreitet hat. Donald Trump klingt zwar ganz anders als Kennedy, wenn er den Mond zum neuen Ziel der NASA macht – denn spätestens im zweiten Satz erklärt Trump das All zum neuen Schlachtfeld für das US-Militär. Auch Indien testete im März 2019 eine Anti-Satellitenwaffe, elf Jahre nach dem ersten derartigen Test Chinas.

Anders als 1962 von John F. Kennedy versprochen sind Streit, Vorurteil und nationaler Konflikt im All angekommen. Doch das Motiv von damals spiegelt sich in den Fantasien für eine kommerzielle Raumfahrt, bei der bald jeder auf Neil Armstrongs Logenplatz im Meer der Ruhe Platz nehmen kann. Die neuen Kennedys, die dieses Zeitalter einleiten, heißen gar nicht Donald Trump oder Xi Jinping, sondern Elon Musk und Richard Branson. Das sieht jedenfalls Dierk Spreen so: „Elon Musk und Richard Branson, und andere auch, sprechen von democratization of space travel." – Ein neues Paradigma: Jeder, der es sich leisten kann, kann Weltraumfahrer werden. Selbst der US-Teil der ISS soll bis 2025 kommerzialisiert sein. Die Liste nützlicher Innovationen wird unterdessen immer länger: GPS, Notrettung nach Naturkatastrophen, Satelliten-Fernsehen und bald ein globales Breitband-Internet.

„Wo ich auch hingucke, sehe ich, dass sich die Raumfahrt quasi immer mehr in die Gesellschaft integriert und nicht mehr einfach nur eine Sache für sich ist", sagt der Soziologe. „Und das bedeutet, dass sie damit auch zu einem sozialen Phänomen wird und deswegen auch Gegenstand der Soziologie." Und vielleicht kann uns das demokratisierte All sogar helfen, etwas zu beseitigen, das Dierk Spreen die irdische Kleingartenmentalität nennt und über die Astronauten naturgemäß den Kopf schütteln. „Man wird keine heile Welt zurückgewinnen, indem man eine Hecke rundherum zieht, zumal es sie in dieser Form sowieso nie gegeben hat. Das ist eine Illusion. Und die Raumfahrt macht das nun mal ganz offensichtlich", sagt er. „Sie macht uns klar, dass es diese Idee, meine Gemeinschaft, meine Gruppe, meine Nation quasi von der Welt abzuschotten, dass das nicht funktioniert. Wir gucken drauf und sehen: Ja wo ist denn die Nation?"

Vom Mond aus betrachtet ist auch Donald Trumps Mauer unsichtbar – und unerheblich. Und wenn das nur ausreichend viele Menschen erfahren haben, vielleicht ändern wir uns ja wirklich? Vielleicht klappt es ja dieses Mal mit dem riesigen Sprung für die Menschheit?

Dieser Beitrag wurde in ähnlicher Form am 1. Mai 2019 in der Sendung „Wissenschaft im Brennpunkt" im Deutschlandfunk ausgestrahlt.

Literatur

1. Senensky, R.: Geist sucht Körper, Star Trek – The Original Series. Paramount Television (1968)
2. NASA: President Kennedy's Speech at Rice University. https://er.jsc.nasa.gov/seh/ricetalk.htm (1962) Zugegriffen: 13. August 2019
3. NASA: President John F. Kennedy's May 25, 1961 Speech before a Joint Session of Congress, https://www.history.nasa.gov/moondec.html (1961). Zugegriffen: 13. August 2019
4. Noordung, H.: Das Problem der Befahrung des Weltraums. Der Raketen-Motor. R. C. Schmidt & Co., Berlin (1929)
5. Fischer, J., Spreen, D.: Soziologie der Weltraumfahrt. transcript Verlag, Bielefeld (2014)
6. Smith, A.: Moondust, In Search of the Men Who Fell to Earth. 1. Auflage. Bloomsbury (2009)
7. Clarke, A. C.: 2001, A Space Odyssey. New American Library (1968)
8. Sigma, R.: Ether-Technology, A Rational Approach to Gravity Control. Adventures Unlimited Press, Kempton, Illinois, USA (1977)

Trump: zu neuen Welten (for national security)

Karl Urban

Donald Trump will zum Mond. Das jedenfalls sagte er am 11. Dezember 2017, in Anwesenheit mehrerer Astronauten, von denen manche schon auf dem Mond standen. Buzz Aldrin stand vielleicht absichtlich weiter hinten, damit dessen vermeintliche Gesichtsentgleisungen nicht wieder in sozialen Medien ausgewertet und als Gradmesser über Trumps mehr oder weniger visionäre Aussagen herhalten mussten.

Trump ist bei weitem nicht der erste US-Präsident, der zum Mond will. In Washington D.C. heißt es, der Mond sei republikanisch, Mars dagegen demokratisch. Ein Umschwenken der Ziele wechselnder Administrationen hat bewirkt, dass sich die bemannte Raumfahrt der USA seit Jahrzehnten kaum auf ein festes Ziel zu bewegt, sondern eher zwischen verschiedenen Zielen pendelt, wenn nicht eiert.

Trumps schnörkellose Art, eine vermeintlich neue Vision zu präsentieren, soll hier aber nicht das einzige Thema sein, sondern der Vergleich zu zweien seiner republikanischen Vorgänger, George Bush senior und George W. Bush. Deren Visionen wurden jeweils 1989 und 2004 präsentiert. Alle drei Präsidenten ernannten den Mond zum wichtigsten Ziel.

K. Urban (✉)
Freier Journalist, Tübingen, Deutschland
E-Mail: urban@die-fachwerkstatt.de

K. Urban (Hrsg.), *Der Mond*, https://doi.org/10.1007/978-3-662-60282-9_17

	G. Bush senior 1989	G, W. Bush 2004	D. Trump 2017
Wohin?	Mond, Mars und weiter	Mond als Startpunkt ins Sonnensystem	Mond als Fundament zum Mars
Nur USA?	Möglicherweise internationale Kooperation (bezieht sich aber auf Raumstation)	(ja)	Amerika soll führen und inspirieren
Wozu?	Universum erforschen	Unklar	Fundament ins Sonnensystem legen
Wie?	Unklar	Neues Raumschiff für ISS, später für Mond	Unklar
Wann?	21. Jahrhundert	2020	Unklar
Warum?	Für Opfer, das Astronauten brachten; Menschheitsschicksal; das Unbekannte entdecken	Unklar	Wegen dem, was mit den Märkten passiert (sic!); Militärische Anwendungen im All
Pathos?	+++	++	+++

Die Reden

Zunächst fällt bei allen drei Reden auf, dass sie sich doch stark ähneln. Sie versuchen, mehr oder weniger rhetorisch gewandt an die Tradition von John F. Kennedy anzuknüpfen, eine Vision der USA im All und speziell für dem Mond zu skizzieren. Bei allen dreien ist der Mond nur ein Zwischenschritt. Alle drei bleiben vage darin, warum es zum Mond gehen soll. Alle drei fokussieren sich stark auf das, was die Vereinigten Staaten und die NASA tun werden, ohne etwa internationale Partner überhaupt zu erwähnen. Das tut nur Bush senior am Rande, allerdings in Bezug auf die geplante Raumstation.

Interessant ist, wie sich die drei Reden unterscheiden. Da ist das sehr weit gefasste Bild von Bush senior über die Raumfahrt der Vergangenheit (20 Jahre nach Apollo 11), der nahen Zukunft (mit der geplanten großen Raumstation) und der fernen Zukunft (Mond und Mars). Allerdings macht er wenige Aussagen darüber, mit welchen Raumschiffen oder wann genau es wieder zum Mond oder gar zum Mars gehen soll. Im nächsten Jahrhundert sagt er lediglich, womit er quasi die Visionen seiner republikanischen Nachfolger schon vorwegnimmt.

Sein Sohn Bush junior sagt zwar nicht, warum die NASA überhaupt zum Mond zurückkehren soll, dafür aber sehr genau, wie. Er erwähnt neue Raumschiffe, die erst zur ISS und später zum Mond fliegen sollen. Zum Zeitpunkt seiner Rede ist das damalige Constellation-Programm schon weit ausgearbeitet, samt der (unter Obama wieder eingestampften oder geänderten) Pläne für neue Raketen. G. W. Bush macht auch eine klare zeitliche Ansage: Amerikaner sollen bis 2020 wieder auf dem Mond landen.

Und da ist Trump. Die Rede ist in den Zielen (bezogen auf Mond und Mars) ähnlich schwammig wie die von Bush senior, macht aber einen viel kleineren Bogen. Trump erwähnt kaum die Errungenschaften der heutigen Raumfahrt. Er sagt zwar, dass Amerika wieder führen soll, erwähnt aber nicht, mit welchen Technologien. Die längst laufenden Entwicklungen des Schwerlastträgers SLS oder der Orion-Kapsel erwähnt er nicht, auch keinen Zeitpunkt für die erste neue Mondlandung.

Bemerkenswert ist bei Trump die Metaebene – und hier wird es geradezu inkonsistent: Dem Ex-Unternehmer ist wohl klar, dass es hier um Innovation, um „was mit den Märkten" geht. Raumfahrt bringt technische Innovation, meint er wohl. Und er erwähnt militärische Anwendungen, die sich vermutlich nicht auf die nächste Mondlandung beziehen? Oder doch? Er will Amerikas Sicherheit verbessern - mit Astronauten auf dem Mond? Diese Teile klingen wahnsinnig plump und sind vielleicht improvisiert. Denn an anderen Stellen erhält er von mir durchaus Pathosbonus (siehe ganz unten).

Zuletzt ist interessant, was Trump nicht erwähnt: Denn längst kommen die größten Visionen (und dafür entwickelte Innovationen) in den USA ja nicht mehr ausschließlich von der NASA, sondern aus Privatunternehmen wie SpaceX oder BlueOrigin. Elon Musk betreibt sein ganzes Unternehmen SpaceX nur mit dem Ziel, irgendwann den Mars zu besiedeln. Und da ist ESA-Direktor Jan Wörner, der bereits vor zwei Jahren die Hand in Richtung aller potentieller Partner ausgestreckt hat, die in den nächsten Jahrzehnten am Mond aktiver werden wollen. Wörner meinte damit China, Indien oder private Anbieter, allen voran aber sicher auch den Partner USA. Und die NASA hat diese Hand ja auch längst ergriffen, darf die ESA doch das Servicemodul für die Orionkapsel bauen. Ohne es zu erwähnen, stecken in Trumps schwammiger und äußerst fragwürdig motivierter Vision also sogar unsere europäischen Steuergelder. Traurig.

Die Ziele

Wohin wir wollen

> „to the moon, Mars and beyond" (Bush senior 1989)

> „to return to the moon by 2020 as the launching point for missions […] to explore space and extend a human presence across our solar system" (G. W. Bush 2004)

„return American astronauts to the moon and from there to lay a foundation for a mission to Mars“ (Trump/Pence 2017)

Wozu wir das wollen

„the feasibility of international cooperation“ (Bush senior 1989)

„ensure America's space program once again leads and inspires all of humanity.“ (Trump 2017)

Was wir dort wollen

„to explore the universe“ (Bush senior 1989)

„establish a foundation for an eventual mission to Mars and perhaps someday to many worlds beyond.“ (Trump 2017)

Wie wir dorthin wollen

„Our […] goal is to develop and test a new spacecraft: The crew exploration vehicle by 2008 and to conduct the first man mission no later than 2014. The crew exploration vehicle will be capable of ferrying astronauts and scientists to the space station after the shuttle is retired but the main purpose of this spacecraft will be to carry astronauts beyond our orbit to other worlds.“ (Bush W. 2004)

Warum wir dorthin wollen (meta)

„The ten courageous astronauts who made the ultimate sacrifice to further the cause of space exploration“ (Bush senior 1989)

„Because it is humanity's destiny to strive to seek to find“ (Bush senior 1989)

„to discover the unknown“ (Bush senior 1989)

„I think it's obvious. All you have to do is to look at what's happening with the markets and all of the great things that are happening. We're leading in many different fields again.“ (Trump 2017)

„Reclaiming America's proud destiny. [...] Space has so much to do with so many other applications including a military application. So, we are the leader and we're going to stay the leader and we're going to increase it manyfold." (Trump 2017)

„Enhance our national security and our capacity to provide for the common defense of the people of the United States of America. We will also spur innovation as the space program has always done" (Pence 2017)

Pathos-Bonus

„What the astronauts remember as the most stirring sight of all: it wasn't the moon or the stars as I remember. It was the earth. A tiny fragile precious blue orbit rising above the arid desert of tranquility base." (Bush senior 1989)

„Eugene Cernan who is with us today, the last man to set foot on the lunar surface, said this as he left: we leave as we came and God willing as we shall return with peace and hope for all mankind. America will make those words come true." (Bush W. 2004)

„Exactly 45 years ago almost to the minute [Astronaut Jack Schmitt] became one of the last Americans to land on the moon. Today, we pledge that he will not be the last and I suspect we'll be finding other places to land in addition to the moon." (Trump 2017)

„As you go along after braving the vast unknown and discovering the new world. Our forefathers did not only merely sail home and in some cases never returned. They stayed. They explored. They built. They guided and through that pioneering spirit they imagined all of the possibilities that few dared to dream." (Trump 2017)

Kontext der Reden

Für den Vergleich sei noch angemerkt, dass alle drei in unterschiedlichen Situationen sprachen: Bush senior sprach vor einer großen Menschenmenge an den Stufen des National Air and Space Museum in Washington, D.C. Sein Sohn W. Bush sprach in einer Pressekonferenz in einem großen Saal im NASA-Hauptquartier. Trump dagegen sprach vor einer kleinen Auswahl an Vertrauten und Journalisten im Weißen Haus.

Erschienen am 12. Dezember 2017 auf Scilogs.de

Literatur

Bush, H.W.: https://www.youtube.com/watch?v=Xw5amJ7kh1s (1989). Zugegriffen: 13. August 2019

Bush, G. W.: https://www.youtube.com/watch?v=KnLSHPlYRIY (2004). Zugegriffen: 13. August 2019

Trump, D.: https://www.youtube.com/watch?v=fbmGw4sJCpU (2017) Zugegriffen: 13. August 2019

Guter Mond – oder wer baut da oben das Dorf?

Karl Urban

Vor fast 50 Jahren landeten erstmals Menschen auf dem Mond: Das damals zur Erde gebrachte Gestein ist längst analysiert und die Mondoberfläche gilt als gut kartografiert. Dennoch entwickelt sich derzeit ein wahrer Sog, zurückzukehren. Der Mond gerät zum neuen Ziel der Menschheit, nur zu welchem Zweck und mit welchem Ausgang, ist längst noch nicht klar.

Das Apollo-Programm war eine technische Meisterleistung – und jetzt geht es offenbar wieder los. Die einen entwickeln gigantische Raketen, andere vermuten im vermeintlich knochentrockenen Regolith-Staub wertvolle Rohstoffe. Wieder andere hoffen, mit dem Mond zumindest die Wählergunst aufzufrischen. Am 11. Dezember 2017 etwa versammelt Donald Trump Vertraute, Journalisten und lang gediente Astronauten im Weißen Haus. Die Amerikaner wollen dieses Mal nicht nur ihre Flagge und einige Fußspuren hinterlassen, sagt der US-Präsident. Sie wollen eine Basis gründen. Als Ausgangspunkt für Missionen zum Mars und darüber hinaus. „Ich vermute, wir werden noch andere Orten zu finden, um zu landen", sagt Trump inmitten der versammelten Raumfahrtveteranen. „Was glauben Sie, Jack? Wo ist Jack?" Fast hilflos wendet sich Donald Trump an Jack Schmitt, den 82-jährigen Astronauten und im Jahr 1972 letzten Menschen auf dem Mond. „Es gibt da einige Orte, richtig?" Donald Trump wirkt planlos – und spricht

K. Urban (✉)
Freier Journalist, Tübingen, Deutschland
E-Mail: urban@die-fachwerkstatt.de

K. Urban (Hrsg.), *Der Mond*, https://doi.org/10.1007/978-3-662-60282-9_18

vorerst auch nicht von Transportmitteln, nicht über Geld. Auch über den Zeitpunkt schweigt er sich aus.

Aber gerade die Zeit drängt, was auch Jan Wörner weiß. „Wir haben nun mal die konkrete Situation, dass die internationale Raumstation in vielleicht zehn Jahren zu ihrem Ende kommt", sagt er. Wörner wurde 2015 zum Chef von Europas Raumfahrtagentur ESA gewählt. Damals hat man ihn nach seinen Visionen gefragt. Wie soll die Präsenz des Menschen im All danach aussehen? Und Wörner skizzierte seine Idee: Alle Nationen und Gruppen mit Ambitionen könnten ihre eigenen Ziele verfolgen – in einem Punkt aber sollten sie gemeinsame Sache machen: in einer Art Monddorf.

» Jan Wörner
„Um klarzumachen, dass „dauerhafte Station" für mich heißt, dass verschiedene Akteure mit ihren speziellen Eigenschaften und ihren Wünschen dorthin gehen können, ob das nun Nationen sind oder Privatunternehmen, ob das eher robotische Aktivitäten sind oder vielleicht

auch astronautische, habe ich gesagt, muss ich eine Analogie finden, die auf der Erde ein Zusammenführen dieser verschiedenen Dinge darstellt. Und das sind die Dörfer. Dörfer sind der Inbegriff dessen, in denen verschiedene Leute mit verschiedenen Interessen zusammenkommen. Deswegen habe ich das Ganze „Moon Village" genannt."

Tatsächlich scheint sich auch die ESA wieder auf den Mond zu besinnen, nachdem sie ihn lange vernachlässigt hat. Mit SMART-1 flog bisher nur eine wenig ambitionierte europäische Raumsonde zum Mond. Das ist jetzt 15 Jahre her. Aber mittlerweile arbeitet die ESA gemeinsam mit der russischen Raumfahrtagentur Roskosmos an neuen Landern – und sie sind damit längst nicht die einzigen.

Chinas Aufbruch und ein Startup aus Berlin

Im Jahr 2007, vor gerade einmal zehn Jahren, startete China seine erste Raumsonde zum Mond. Mit Chang'e 1 begann das bisher wohl ehrgeizigste Mondprogramm des 21. Jahrhunderts. „Das chinesische Explorationsprogramm sah drei Schritte vor", sagt der Journalist Andrew Jones. „Zuerst einen Orbit um den Mond erreichen, dann eine weiche Landung mit einem Rover durchführen und am Ende landen, um Proben zu sammeln und zur Erde zurückzubringen."

Jones verfolgt das chinesische Raumfahrtprogramm schon lange. Die Hälfte der selbst gesetzten Ziele hat China bereits umgesetzt. Im Dezember 2013 landete mit dem 140 km schweren „Jadehasen" der erste eigene Rover auf dem Mond. Die nächsten Sonden starteten 2018, weitere sind geplant. Der Weg ist für den Mondexperten der ESA, Bernard Foing, vorgezeichnet: „Die Chinesen entwickeln ihr starkes bemanntes Programm weiter", sagt er. „Mit der Raumstation namens Tiangong festigen sie ihre Präsenz im Erdorbit. Man kann eine natürliche Entwicklung hin zu einer kleinen Infrastruktur auf dem Mond mit Menschen sehen. Nach einigen unbemannten Landungen könnten sie in der Lage sein, Menschen mit Fracht auf dem Mond zu landen."

Und nicht nur staatliche Raumfahrtagenturen zeigen derzeit Interesse am Mond. In der Allee der Kosmonauten in Berlin-Marzahn, in einem schmucklosen zweigeschossigen Flachbau, residiert ein solches Raumfahrt-Startup. „Wir nennen uns ja PTScientists, weil das mit den Part Time Scientists stimmt ja nicht mehr", sagt Karsten Becker. Er war von Anfang an bei den Part Time Scientists dabei. Vor neun Jahren gegründet von ein paar Berliner Elektronikbastlern und Hackern aus dem Umfeld des Chaos Computer Clubs.

Die Gruppe nahm als eines von anfänglich 32 Teams am Google Lunar X-Prize teil, einem im Jahr 2007 ausgelobten Preis. Der Preis war als Türöffner für die kommerzielle Mondfahrt gedacht. Im Januar 2018 zog Investor Alphabet das Preisgeld zurück, ohne dass es eines der Teams zum Mond geschafft hätte. Aber mehrere Gruppen tüfteln weiter. Das hier herumfahrende Gefährt der PTScientists: nur ein kruder Prototyp – das Team ist schon viel weiter. „Er ist eine Softwareentwicklungsplattform", sagt Karsten Becker. „Da kann man zum Beispiel Algorithmen testen: Wie richtet man die Räder richtig aus oder welche Parameter sind für die Übertragung optimal?"

Aus den Kapuzenpullover tragenden Nerds der Anfangsjahre wurden selbstbewusste Geschäftsleute, auf deren weißen Hemden das Logo eines großen deutschen Autobauers aufgestickt ist. Aus den ersten schuhkartongroßen Rovern, die eher an Kinderspielzeuge erinnerten, wurden zwei rund 30 km schwere und robuste Fahrzeuge. Denn die PTScientists wollen gleich zwei Rover starten. „In unserer ersten Mission geht es vor allem darum zu zeigen, dass wir ein Raumschiff entwickeln können, das auf dem Mond landen kann, und dass wir dann die Rover absetzen können", sagt Becker.

An Bord von Landestufe und Rover ist Platz für Experimente. Forscher aus aller Welt sind eingeladen, darauf kleine, gerade milchtütengroße Module zum Mond zu schießen – gegen eine Gebühr, versteht sich. Der Mondforscher der ESA, Bernard Foing, ist von dieser Idee begeistert:

„Sie wollen einen Markt für den Transport von Nutzlast schaffen, eine Art Paketdienst zwischen Erde und Mond."

Mehrere US-Unternehmen entwickeln derzeit Ideen, auf dem Mond Rohstoffe zu fördern, die als Baumaterial für Gebäude des Dorfs dienen könnten, oder um dort Wasser oder Raketentreibstoff herzustellen. Die PTScientists wollen sich anders in das zukünftige Monddorf einbringen: Sie verbauen in ihrem Lander einen Mobilfunksender von einem ihrer Sponsoren.

» Karsten Becker
„Uns geht es darum, weiter zu denken. Wir wollen Infrastruktur im Weltraum anbieten. Das heißt, wenn jetzt die ESA das Moon Village aufbauen möchte oder eine Precursor-Mission macht, dann wollen wir Kommunikations-Infrastruktur in Form von LTE-Basisstationen auf den Mond bringen, die dann von den Rovern oder Astronauten oder was auch immer sich auf der Oberfläche bewegt, genutzt werden können."

Viele Gründe, aufzubrechen

Die Frage bleibt: Was sucht der Mensch auf dem Mond? Was gibt es dort, was wir nicht schon längst gefunden haben? Wir waren ja schon mal da. Und haben ihn dann jahrzehntelang links liegen gelassen. In China hat der Mond eine hohe kulturelle Bedeutung, erzählt der ESA-Astronaut Matthias Maurer: „Man sagt in China, ein Mädchen ist hübsch wie der Mond. Sie hat ein Gesicht so rund wie der Mond. Der Mond ist überall dabei, in vielen Redewendungen, in vielen Ausdrücken." Der China-Experte Andrew Jones ergänzt: „Es geht auch ums Prestige: Wer Raumsonden zum Mond fliegt, sie dort sanft landet und Proben zurückbringt oder sogar Menschen landet: Der steigert das internationale Ansehen Chinas immens."

Und dennoch: So gut wie jedes von Menschen gebaute Teleskop ist auf den Mond gerichtet worden. Hunderte Raumsonden sind zu ihm geflogen, zwölf Menschen auf ihm gelandet. Er ist der einzige Himmelskörper, von dem wir viele Kilogramm Gestein zur Erde gebracht haben. Über den Mond wissen wir heute viel – aber längst nicht alles. „Wir haben uns wirklich sehr kleine Bereiche angeschaut", sagt Karsten Becker. „Und vor allem muss man auch mal ganz fairerweise dazu sagen, dass die Leute, die sich das angeschaut haben, allesamt Militärpiloten waren und ein Geologe, der dann mal bei der letzten Mission mitgenommen wurde."

Das sieht nicht nur Karsten Becker so, sondern auch Matthias Maurer – frisch ernannter Astronaut der ESA – und Vollblut-Wissenschaftler.

» **Matthias Maurer**
„Damals wurde eine Flagge in den Boden gerammt und man hat gesagt: Okay, jetzt waren wir oben. Es wurde sehr wenig Wissenschaft gemacht. Gerade als die Wissenschaftmissionen anfangen sollten: Bei Apollo 17 war das schon großer Schwerpunkt, aber Apollo 18, 19 und 20 waren ja schon geplant und die Wissenschaft bei denen wäre wirklich super gewesen. Aber damals wurde es eingestellt, weil der Vietnamkrieg leider wichtiger war."

Forscher haben Fragen

Am Berliner Institut für Planetenforschung des Deutschen Zentrums für Luft- und Raumfahrt betreibt auch Ralf Jaumann seit vielen Jahren Studien zum Mond, ohne dass seine Vorschläge für neue Mondsonden bislang die nötigen Mittel erhalten hätten: „Wissenschaftlich gibt es sehr viele Fragen. Wir wissen immer noch nicht genau, wie er entstanden ist. Das ist eine absolut entscheidende Frage, denn ohne Mond würde die Erde völlig anders aussehen als sie das tut."

Jahrzehntelang glaubten Planetenforscher, der Mond sei durch den Einschlag mit einem massiven, etwa marsgroßen Planeten auf der jungen Erde entstanden. Doch noch immer rätseln die Wissenschaftler, warum Mondgestein dann fast völlig identisch mit dem Erdmantel ist, tief im Erdinneren. Vielleicht waren die Proben der Apollo-Astronauten einfach schlecht ausgewählt. Dazu kommt: Die Zeitskala des gesamten Sonnensystems basiert auf den Analysen weniger Proben vom Mond. Viele Geologen bezweifeln mittlerweile, dass die Auswahl der gesammelten Gesteine wirklich ausreicht und damit auch die Zeitskala des Sonnensystems neu aufgestellt werden müsste: Wann genau endete die Zeit der großen Einschläge auf den Planeten und Monden – und wann konnte auf der Erde Leben entstehen?

„Der Mond hat den Vorteil, dass er alle seine Einschlagskrater, also Kollisionen seiner Vergangenheit, immer noch bewahrt hat", sagt Ralf Jaumann. „Auf der Erde werden die ja immer wieder verändert und in den Untergrund geschoben oder aufgeschmolzen. Hier ist alles weg, was vorher passiert ist.

Auf dem Mond ist das alles noch da." Auf der Mondrückseite oder in den Kratern an den Polen des Mondes ist noch nie eine Raumsonde gelandet. Ralf Jaumann hätte nichts dagegen, frische Gesteinsproben von dort in die Finger zu bekommen: „Ich würde nicht nein sagen. Wenn Sie mir eine Probe geben, ganz egal von wo, würde ich wetten, die wäre wissenschaftlich interessant. Das ist völlig klar."

Der Mond, das ist pures, unberührtes, uraltes Gestein. Ein geologisches Eldorado. Und es werden chinesische Forscher sein, die es neu erschließen. Spätestens 2019 dürften erstmals seit 40 Jahren zwei Kilogramm Mondgestein zur Erde gebracht werden. Es sind Pläne, die auch die NASA lange gehegt, aber nie umgesetzt hat, sagt Clive Neal von der University of Notre Dame im US-Bundesstaat Indiana. „Mit der Raumsonde Chang'e 4 gehen die Chinesen zuerst auf die Rückseite des Mondes, vermutlich in das Südpol-Aitkin-Becken. Und der Nachfolger Chang'e 5 wird einige junge Basaltgesteine auf der Vorderseite besuchen und feststellen, ob es vor einer Milliarde Jahren noch bedeutsame Magnetfelder auf dem Mond gab."

Die Pläne gehen aber längst auch darüber hinaus: Wie viel Wasser steckt wirklich im lunaren Gestein? China ergründet damit eine entscheidende Bedingung für eine Mondbasis. Denn jeder von der Erde mitgebrachte Liter Wasser für künftige Bewohner wäre extrem teuer. Es gibt neue Erkenntnisse, die nun näher erforscht werden müssten. „Wir dachten, der Mond sei trocken", sagte Clive Neal. „Aber als wir die Analysewerkzeuge hatten, uns die Gesteine noch detaillierter anzusehen, entdeckten wir einen völlig neuen Mond."

Mondsonden lieferten in den letzten zwei Jahrzehnten Daten, aus denen globale Karten zur chemischen Zusammensetzung entstanden. Gezielt auf den Mond gelenkte Sonden bestätigten den Befund: In den obersten Metern des Mondstaubs ist ein wenig Wassereis vorhanden. Und selbst die für trocken gehaltenen Gesteinsproben aus der Apollo-Ära waren noch für eine Überraschung gut. „Wir wissen heute, dass es auf dem Mond Regionen gibt, in denen flüchtige Stoffe ebenso häufig vorkommen wie im Erdmantel, im Inneren der Erde", sagt Neal. „Das ist ein wirklicher Paradigmenwechsel in der Wissenschaft."

Vermutlich existiert nur wenig reines Wassereis. Aber es bestünde die Möglichkeit, Wasser herzustellen: In ständig beschatteten Kratern an den Polen steckt Wasserstoff im Regolith, dazu gibt es reichlich Sauerstoff. Andrew Jones hat von einer chinesischen Forscherin erfahren, dass diese Rohstoffe bald gefördert werden könnten: „Ich habe sie gefragt, was sie speziell an Chang'e 5 interessiert: wenn die Raumsonde diese Proben zur Erde bringt, welche Fragen sollen daran untersucht werden? Und sie sagte mir: Wir würden diese Proben gerne daraufhin testen, wie wir daraus Sauerstoff für eine Basis gewinnen können."

Eine Station im Mondorbit

Während sich chinesische Forscher also längst mit den Herausforderungen einer Mondbasis auseinandersetzen, geht es bei den anderen Raumfahrtnationen nicht so recht voran. Die Idee, zum Mond zurückzufliegen, hatte schon George Bush senior und auch sein Sohn, George W. Bush. Doch all diese Pläne wurden irgendwann eingemottet, weil andere Ziele wichtiger wurden. Seit Jahren diskutieren die Vertreter der USA, Russlands, Japans, Kanadas und der Europäischen Raumfahrtagentur auch über eine Raumstation im Mondorbit. Der Name des Projekts: Deep Space Gateway – das Tor zum Weltraum. Doch das Deep Space Gateway wäre kaum ein Zehntel so groß wie die aktuelle Internationalen Raumstation. Ausflüge von dort zur Mondoberfläche wären wegen der anvisierten Umlaufbahn schwierig.

„Ich bin nicht völlig aus dem Häuschen wegen des Deep Space Gateways", sagt auch US-Mondforscher Clive Neal. „Aber ich glaube, wir könnten es an einen Punkt bringen, von dem aus sich Forschung und Erkundung des Mondes als logische nächste Schritte ergeben. Nur momentan sieht es danach aus, als würden wir schlicht die Internationale Raumstation in die Nähe des Mondes verschieben, nur um die Leute weiter beschäftigen zu können, die wissen, wie man eine Raumstation betreibt. Und das finde ich nicht wirklich logisch, wenn Menschen eigentlich jenseits des Erdorbits planetare Oberflächen erforschen wollen."

Immerhin tut sich bei der Logistik so einiges: Lange gab es keine Raketen, um Menschen oder gar hunderte Tonnen Nahrung, Wasser, Habitate, Fahrzeuge oder Werkzeug zum Erdtrabanten zu bringen. Die alte Mondrakete Saturn V war längst eingemottet. Und ein neuer Träger nicht verfügbar.

Das ist heute anders. Am 6. Februar 2018 hebt sich die Falcon Heavy in den Orbit, die neue Rakete der Raumfahrtfirma SpaceX. Sie liefert doppelt so viel Schub wie die zuvor stärkste Rakete auf dem Markt. Und doch ist sie für Firmenchef Elon Musk nur ein Zwischenschritt der Raketen-Gigantomanie. Denn er plant den Aufbruch der Menschheit ins Planetensystem. Neun Meter im Durchmesser – und eine Nutzlastkapazität, die jene der Saturn V weit übersteigt. Das soll die sogenannte Big Falcon Rocket in mehreren Jahren schaffen. „Die Big Falcon Rocket kann viel weiter fliegen, beispielsweise bis zum Mond", sagt Musk. „Wir können mit dieser Rakete

Missionen auf der Mondoberfläche durchführen, ohne dort neuen Treibstoff herstellen zu müssen. Das erlaubt uns den Bau einer Mondbasis."

Bei all dieser Raketengigantomanie bleibt nur eine Frage: Wer soll für die neuen Riesenraketen bezahlen? Auch die NASA entwickelt derzeit eine Schwerlastrakete. Jeder Flug dieser Giganten dürfte Milliarden US-Dollar kosten, eine Mondbasis, vielleicht sogar ein permanent bemanntes Monddorf sicher einige hundert Milliarden. Karsten Becker glaubt: Die privaten Anbieter können Lastflüge deutlich billiger machen als staatliche Raumfahrtagenturen das jemals konnten – und die neuen Mondpläne damit bezahlbar machen.

„Man sieht es ja bei SpaceX: Die sind, je nachdem wie man es rechnet, locker um einen Faktor sechs oder zehn unter dem, was die NASA ausgibt", sagt der Entrepreneur Karsten Becker der PTScientists. „Auch für unsere Mission gilt ja: Wenn die erste Mission fehlschlägt, ist es immer noch billiger, nochmal eine Mission zu machen als die ESA-Version der Mission zu fliegen. Das muss man sich halt überlegen."

„Ich habe da überhaupt nichts dagegen. Meine einzige Frage ist natürlich: Stimmt das wirklich?" – Ralf Jaumann hat ein Forscherleben lang an dutzenden Raumsonden jener vermeintlich überteuerten staatlich finanzierten Missionen mitgearbeitet. „Ist es wirklich so, dass wenn es die großen Organisationen machen, dann das kostet es Geld und wenn man es privat macht, kostet es kein Geld?", fragt Jaumann. „Da müssen die großen Organisationen durchaus etwas falsch machen. Im Grunde genommen haben die aber einen immensen Erfolg. Wenn Sie die NASA angucken: Das ist eine riesige Erfolgsgeschichte und Erfolg kostet nun mal."

Doch die ökonomischen Bedingungen verändern sich, das Geld kommt nicht mehr nur aus staatlichen Haushalten: Luxemburg führte kürzlich ein Gesetz ein, das den Bergbau im All regelt – und zog damit Milliarden-schwere Investoren an. Zwei ehemalige Teilnehmer am Lunar XPrize wollen Rohstoffe auf Asteroiden und dem Mond fördern. „Wir müssen herausfinden, wie viel von diesen Rohstoffen existiert und wie viel davon leicht abzubauen ist. Davon hängen diese Businesspläne ab", sagt Clive Neal.

Der Mond hat eigene Ressourcen: Baumaterial, Wasser, Metalle oder Helium-3. Sie zur Erde zu bringen und zu verkaufen, bringt keinen Profit. Doch wenn es gelänge, dort Rohstoffe für den Mond zu gewinnen, würde sich das Transportkosten stark reduzieren. Die Ressourcen könnten nicht nur eine staatlich finanzierte Mondbasis versorgen, sondern auch zahlende Touristen. Bis es so weit ist, gilt es noch Vieles herauszufinden: Lassen sich

Gebäude für Reisende mit 3D-Druckern aus Mondstaub kreieren? Ist Bergbau auf dem Mond möglich? Und wie ergiebig sind sie überhaupt, die Bodenschätze, dank derer sich die Mondfahrt von Mutter Erde abnabeln könnte?

» Clive Neal
„Wenn wir genug finden, können wir sie abbauen. Dann haben wir einen ganz neuen Wirtschaftszweig auf dem Mond. Wir bringen den Mond in unsere ökonomische Einflusssphäre. Das ist wichtig, denn wenn diese Wirtschaft erst einmal stimuliert ist, wird sie sich nachhaltig entwickeln; ohne nennenswerte Zuschüsse oder lediglich mit einer Anschubfinanzierung der Regierung."

Werden sich auf dem Mond wirklich Geschäfte machen lassen? Oder wird am Ende doch kaum mehr entstehen als eine kleine Raumstation, die nur wenige Wochen im Jahr überhaupt besetzt ist, weil Flüge dorthin die Budgets der Raumfahrtagenturen sonst sprengen würden? Karsten Becker sagt: „Der Mond ist einfach das ideale Sprungbrett ins Weltall. Wir glauben, dass wir auf dem Mond einfach alle Technologie testen können, die man braucht, um eine Kolonie auf dem Mars zu realisieren. Und dass man ihn auch benutzen kann, um dann von dort aus quasi als Tankstelle weiter ins Weltall vorzustoßen."

Der Aufbruch des Menschen wird wohl nur gelingen, wenn die Weltraummächte an einem Strang ziehen. Selbst Indien schickt in diesen Tagen eine neue Raumsonde zum Mond. Mitstreiter gäbe es also reichlich. Doch ob sich der Traum vom Moon Village so schnell erfüllt, steht weiter in den Sternen. Denn mit China und den USA können ausgerechnet die zwei größten und zahlungskräftigsten Akteure derzeit gar nicht zusammenarbeiten. „Wir US-Forscher müssen bei einer bilateralen Zusammenarbeit mit China vorsichtig sein, weil das im Moment illegal ist", sagt Planetologe Clive Neal. „Dieses Gesetz muss geändert werden. Und hoffentlich wird es sich in nicht allzu ferner Zukunft auch ändern. Es verhindert momentan jede Kollaboration."

Eine neue Ära

Der Mond symbolisiert den nächsten großen Schritt – darin sind sich die wichtigen Akteure im 21. Jahrhundert einig. Der kalte Krieg ist lange vorbei und wer dieses Mal der erste dort oben ist, sollte eigentlich keine Rolle mehr spielen. Wird es China sein? Oder Russland, das mit China gerade erst neue Kooperationsverträge zur Mondforschung geschlossen hat? „Es gibt jetzt eine Diskussion, wer für welchen Bereich im All die Führung übernimmt", sagt ESA-Chef Jan Wörner. „Die Chinesen sind interessiert, die Japaner, die Russen sowieso. Ich glaube, dass wir da auch in der Zukunft eine gemeinsame Sache hinbekommen, die uns in der Raumfahrt sehr eng aneinander bindet. Das ist sehr wichtig." Astronaut Matthias Maurer sieht gerade die Europäer an einer interessanten Position:

„Die ESA an sich ist ein Zusammenschluss von 23 europäischen Ländern. Das heißt, wir müssen jeden Tag in der ESA Brücken bauen zwischen den verschiedenen Ländern."

Maurer bereitet sich gerade auf seinen ersten Flug zur ISS vor – und er lernt chinesisch. Im Sommer 2017 nahm er als erster Ausländer überhaupt an einem Überlebenstraining mit chinesischen Raumfahrern teil. Vielleicht gehört er zu einer neuen Generation von Raumfahrern, die in unbekannte Gefilde aufbricht: zu Zielen im Planetensystem – und zu neuen Partnern auf der Erde.

» Matthias Maurer
„Ich denke und ich hoffe, dass wir wirklich noch internationaler werden und dass wir China in das internationale Team in Richtung Mond mit einbinden können. Denn je weiter wir wegfliegen, desto komplexer wird das Ganze auch. Wir brauchen die ganzen Kompetenzen der unterschiedlichen Raumfahrtnationen und gemeinsam können wir viel, viel mehr erreichen, als wenn wir alles doppelt aufbauen."

Dieser Beitrag wurde in ähnlicher Form am 30. April 2018 in der Sendung „Wissenschaft im Brennpunkt" im Deutschlandfunk ausgestrahlt.

Literatur

Urban, K.: Europa, China und gemeinsame Ziele im All: Astronaut Matthias Maurer im Gespräch. Weltraumreporter.de, https://www.riffreporter.de/weltraumreporter/astronautinterview/ (19.04.2018) Zugegriffen: 13. August 2019

Urban, K.: SpaceX, Europa und der Aufbruch ins All: DLR-Vorstand Hansjörg Dittus im Gespräch. Weltraumreporter.de. https://www.riffreporter.de/weltraumreporter/dlr_vorstand_dittus_falcon_heavy/ (13.02.2018) Zugegriffen: 13. August 2019

Chang'e 4: Geologisches Neuland auf dem Mond

Karl Urban

Erstmals in der Geschichte ist eine Raumsonde sanft auf der Mondrückseite gelandet. Die technisch aufwendige Mission Chang'e 4 könnte viele Monate aktiv sein.

Am 3. Januar 2019 lenkten Ingenieure die Raumsonde Chang'e 4 mit einem gezielten Feuern der Triebwerke aus einem niedrigen Mondorbit gen Mondoberfläche. Um 3:26 Uhr mitteleuropäischer Zeit setzte der 3870 kg schwere Lander mit seinem kleinen Rover an Bord sanft und offenbar unversehrt auf: Die erste Raumsonde überhaupt ist damit auf der Mondrückseite gelandet. Nach ihrem Start am 8. Dezember 2018 hatten die chinesischen Ingenieure Chang'e 4 zunächst im Mondorbit geparkt, um den nächsten Tag auf der erdabgewandten Seite des Mondes abzuwarten. Der dauert rund 14 Erdtage – Zeit, um mit Solarenergie die wichtigsten Ziele der Mission zu erreichen – und mit radioaktiven Heizelementen vielleicht darüber hinaus. Nun steht die Sonde im Krater Von Kármán – und ist bereit für eine Fahrt, die längst nicht nur chinesische Forscher interessiert.

Die Landung war riskant: Zwar hatten chinesische Ingenieure bei der fast baugleichen Sonde Chang'e 3 vor fünf Jahren gute Erfahrungen gemacht, aber sie landete auf der Mondvorderseite mit direktem Funkkontakt zur Erde. Beim Nachfolger war der Einsatz des Relaissatelliten Queqiao mit einer entfaltbaren 4,2 m großen Antenne nötig, der schon im Mai 2018

K. Urban (✉)
Freier Journalist, Tübingen, Deutschland
E-Mail: urban@die-fachwerkstatt.de

K. Urban (Hrsg.), *Der Mond*, https://doi.org/10.1007/978-3-662-60282-9_19

gestartet war. Doch auch das Gelände beschäftigte die Missionsplaner, denn die Rückseite des Mondes ist von ganz anderer Natur als seine Vorderseite: „Ein Großteil der Mondrückseite ist von hohen Bergen und Kratern geprägt", sagte Sun Zezhou, der Chefdesigner von Chang'e 4, kürzlich gegenüber dem Fernsehsender CCTV. „Es ist schwierig, hier ein großes und flaches Gebiet zu finden."

Große geologische Fragen

Tatsächlich ähnelt die Rückseite des Erdtrabanten kaum jenem vertrauten Mondgesicht, das wir kennen. Die Maria der Vorderseite, also ausgedehnte vulkanische Ebenen, gibt es hier nur selten. Auf der Rückseite gibt es vor allem viele Krater. Dominiert wird die südliche Hemisphäre der Rückseite vom Südpol-Aitken-Becken: Es ist mit 2500 km Durchmesser eines der größten bekannten Einschlagsbecken im Sonnensystem und eines der ältesten. Vor über vier Milliarden Jahren muss hier ein gewaltiger Meteorit eingeschlagen sein. Viele Jahrmillionen später bildeten sich weitere Einschlagskrater auf seiner Oberfläche, zu denen auch der 180 km breite Von-Kármán-Krater gehört, in dem Chang'e 4 nun steht.

Von Kármán ist ein Sonderfall der Mondrückseite, denn der Kraterboden ist von flachen Marebasalten bedeckt, was letztlich auch die Entscheidung, hier zu landen, wegen des geringeren Risikos begünstigt haben dürfte. Gleichzeitig liegt Von Kármán am Rand des Südpol-Aitken-Beckens und damit in einer besonders für Geologen sehr spannenden Region: „Wir haben bisher nur sehr kleine Bereiche der Mondoberfläche [mit Landern] untersucht", sagt etwa Jessica Flahaut von der Universität im französischen Nancy und eine der internationalen Beraterinnen der chinesischen Missionsplaner. „Alle Raumsonden landeten bisher in Geländetypen, die gerade vier Prozent der Mondoberfläche ausmachen", sagt sie. In Von Kármán besteht dagegen eine gute Chance, dass der Einschlag das lunare Krustengestein durchschlagen hat und tief darunter liegende Mantelgesteine offengelegt hat, die Forscher bislang noch nie zu Gesicht bekommen haben.

Gerade auf der Mondrückseite hoffen Geologen darauf, bislang ungelöste Rätsel der Entwicklung des Erdtrabanten klären zu können: Die Forscher würden gerne verstehen, warum die vulkanischen Prozesse auf Vorder- und Rückseite so unterschiedlich waren – und die Mare nicht überall gleich verbreitet sind. Lange Zeit glaubten sie, dies könnte daran liegen, dass die Kruste auf der Mondvorderseite dünner ist und vulkanische Schmelzen in den ersten Jahrmillionen der lunaren Geschichte somit leichter aufsteigen konnten. Die NASA-Mission Grail bestimmte bis Ende 2012 allerdings das lunare Schwerefeld und konnte keine auffällig erhöhte Krustendicke auf der erdabgewandten Seite feststellen. Warum gibt es dort dennoch kaum vulkanische Mare? – „Das ist eine große Frage", sagt Harald Hiesinger, Planetengeologe und Mondexperte an der Universität Münster.

Anhand des Mondinneren können Forscher lernen, wie sich der Mond seit seiner Entstehung entwickelt hat. Wie die mondweit ähnliche Krustendicke und der überwiegend fehlende Vulkanismus auf der Mondrückseite zeigt, gibt es dabei immense Verständnisprobleme. Vor 4,5 Mrd. Jahren entstand der Mond mutmaßlich während eines planetaren Einschlags auf der jungen Erde. Die dabei ausgeworfenen Gesteine sammelten sich im Erdorbit zum Urmond und waren zunächst sehr heiß. Dann sanken Experimenten und Modellen zufolge mit der Zeit schwerere Mineralien aus der Schmelze nach unten und formten den Mondmantel, während leichtere nach oben gelangten und die Kruste bildeten. „Wir können dieses Magmaozean-Modell jetzt überprüfen", sagt Harald Hiesinger: Das Modell ist bis heute nicht völlig bestätigt – wie auch die Mondentstehung durch einen Einschlag selbst bis heute von manchen Forschern bestritten wird.

Neue anwendungsnahe Experimente

Mondexperten weltweit warten gespannt auf erste Ergebnisse von Chang'e 4, denn für sie, die sich bereits jahrzehntelang für neue Raumsonden zum Erdtrabanten eingesetzt haben, ist der chinesische Vorstoß ein großes Glück. Der Krater Von Kármán etwa wurde schon vor elf Jahren vom Wissenschaftsrat der Vereinigten Staaten als vorrangiges Ziel für die zukünftige Exploration des Mondes hervorgehoben, während allerdings bis heute keine Lander aus den USA dorthin entsandt, geschweige denn ausreichend finanziert worden sind. „Die Mondrückseite ist interessant, weil dort noch nie eine Raumsonde gelandet ist", sagt auch Harald Hiesinger.

Chang'e 4 soll allerdings anders als die meisten bisher auf dem Mond abgesetzten Sonden nicht nur geologische Feldforschung erbringen. Der 2013 gelandete Vorläufer Chang'e 3 samt seines Rovers Yutu hatte beispielsweise ein Röntgenspektrometer dabei, mit dessen Hilfe chinesische Forscher eine zuvor unbekannte Form basaltischen Vulkangesteins nachweisen konnten. Auf dem Nachfolger befinden sich außer mehrerer Kameras und Infrarot-Spektrometern vor allem neu entwickelte Instrumente. Allen voran ist das ein Radioteleskop, denn allein die natürliche Streustrahlung der Erde verhindert Blicke in die sogenannte dunkle Zeit des jungen Universums, gerade 380.000 Jahre nach dem Urknall: Bestimmte Wellenlängen aus jener Zeit sind im erdnahen Raum fast gar nicht, auf der Mondrückseite dagegen ausgezeichnet messbar.

Wie wichtig der chinesischen Akademie der Wissenschaften internationale Beiträge waren, zeigt das Instrument *Lunar Lander Neutron Dosimetry* von der Universität Kiel. Kaum noch zwei Jahre vor dem Start entschied sich Robert Wimmer-Schweingruber dafür, sich mit diesem Instrument zur Messung von sogenannten thermischen Neutronen an Chang'e 4 zu beteiligen. Sein Institut ist in dem Bereich weltweit führend und hat bereits vergleichbare Geräte für Sonden der NASA und ESA sowie für die Internationale Raumstation entwickelt. Für Chang'e 4 musste alles sehr schnell gehen: „Schon dreizehn Monate nach Förderungsbeginn haben wir unser Instrument ausgeliefert", sagt Robert Wimmer-Schweingruber. „Es war sehr hektisch."

Der Neutronendetektor zeigt eine angewandte und vergleichsweise neue Seite der Mondforschung: Nicht nur chinesische Forscher wollen damit herausfinden, was für Gefahren neue menschliche Mondbesucher erwarten könnten – und wie sie beim Bau von Habitaten berücksichtigt werden müssten. Besonders thermische Neutronen sind bislang zu wenig beachtet worden, denn sie können nicht nur von oben in menschliche Behausungen eindringen, sondern auch von unten: „Wir schätzen, dass 10 bis 20 Prozent der Teilchenstrahlung von unten kommt, also von der Mondoberfläche reflektierte Strahlung ist", sagt der Physiker Wimmer-Schweingruber. Sein Experiment soll diese Schätzung mit Messungen untermauern.

Kurios scheint ein biologisches Experiment, das sich an Bord des Landegestells von Chang'e 4 befindet: Es enthält Kartoffeln, Samen des verbreiteten Wildkrauts Ackerschmalwand und Eier der Seidenraupe. Damit wollen Forscher erproben, wie sich irdische Lebewesen unter der verringerten Schwerkraft des Mondes verhalten. Dieses Experiment gewann gegen 200 Bewerber von verschiedenen Universitäten – und seine Auswahl zeigt, wie ernst es chinesischen Forschern mit dem Ziel ist, im übernächsten Jahrzehnt Menschen zum Mond zurückzubringen, die sich dort auch mit Nahrungsmitteln versorgen müssten.

Weite Fahrtstrecken denkbar

Die Mission von Chang'e 4 könnte interessant werden – zumal das Landegestell für seine stationär arbeitenden Instrumenten über eine Radioisotopbatterie verfügt, die während der 14 Erdtage langen und entsprechend kalten Mondnächte neben Wärme als erste chinesische Raumsonde überhaupt auch Strom produzieren wird.

Die Reise des neuen Rovers über die bislang nie zuvor aus der Nähe untersuchte Landschaft der Mondrückseite dürfte mindestens einen Mondtag lang andauern – solange versorgt die Sonne die Solarzellen mit Strom und hält die Elektronik des Fahrzeugs warm. Schon der Vorgänger Yutu war für ein Jahr auf dem Mond und Fahrtstrecken weit über zehn Kilometer ausgelegt. Doch Yutus Antrieb versagte noch in der ersten Mondnacht, als der Rover gerade einmal 114 m weit gefahren war. Für diesen Ausfall war chinesischen Raumfahrtvertretern zufolge ein sehr kleiner Teil der Hardware verantwortlich. Der Fehler sei nun behoben und der Nachfolger könnte somit monatelang in Betrieb sein und kleinere Krater, Felswände der Umgebung anfahren.

Erschienen am 4. Januar 2019 auf Spektrum.de.

Lunar Gateway: Nächster großer Schritt in den Treibsand?

Karl Urban

Die NASA arbeitet unter Hochdruck an einer Raumstation für den Mond. Vieles an diesem Konzept ist bis heute aber unausgegoren.

Vor fast genau 30 Jahren startete das erste Modul der Internationalen Raumstation (ISS) in einen erdnahen Orbit. Es war der Auftakt für die größte gemeinsame Basis der Menschheit im All, die nun aber längst in die Jahre gekommen ist. Vielleicht erlebt die ISS noch das Ende des nächsten Jahrzehnts – aber ihre Tage sind gezählt. Heute arbeiten Ingenieure, Lobbyisten der Raumfahrtindustrie und der Raumfahrt wohlgesonnene Politiker an einem neuen großen Ding. Vor allem die USA preschen bei der Lunar Orbital Platform-Gateway forsch voran, eine Raumstation am Mond.

Die Ideen für ein Deep Space Gateway – wie die Station seit einem Budgetentwurf 2017 ursprünglich genannt wurde – entstanden schon Anfang des Jahrzehnts. Präsident Barack Obama hatte die Pläne seines Vorgängers George W. Bush, wieder Menschen auf den Mond zu schicken, wegen überbordender Kosten gestrichen. Das partiell schon entwickelte Raumschiff Orion sollte stattdessen zu einem erdnahen Asteroiden fliegen – doch ein solches Ziel schien in realistischer Reichweite gar nicht zu existieren. Daher kursierten schon im Jahr 2012 bei der NASA erste Ideen für eine Raumstation im Mondorbit. Dadurch sollten etliche Milliarden Dollar an

K. Urban (✉)
Freier Journalist, Tübingen, Deutschland
E-Mail: urban@die-fachwerkstatt.de

K. Urban (Hrsg.), *Der Mond,* https://doi.org/10.1007/978-3-662-60282-9_20

Steuergeldern, die bereits in das Raumschiff geflossen waren, weiter sinnvoll eingesetzt werden. Orion erhielt schlicht ein realistischeres Ziel.

Aus ersten Ideen für das Gateway im Mondorbit wurde ein Konzept, für das seit 2018 immerhin schon 504 Mio. EUR im US-Haushalt zur Verfügung stehen, dessen Details aber bis heute noch verfeinert werden. Seit die US-Raumfahrt von Asteroiden als nächstes Ziel für Astronauten auf den Mond umschwenkte, ist die Rückkehr dorthin in Kennedy-Manier ein rhetorischer Selbstläufer geworden. Da scheint es auch egal zu sein, dass die internationalen Partner eher vorsichtig mitziehen, obwohl sie am Erfolg des Gateways einen wichtigen Anteil haben sollen. Das Zögern von Kanada oder Russland liegt wohl auch daran, dass vieles an der Lunar Orbital Platform-Gateway weiter erstaunlich unausgegoren ist.

Eine Umlaufbahn im Nirgendwo

Der Mond ist der NASA-Rhetorik zufolge der nächste große Schritt der Menschheit in den sogenannten Deep Space, also in die Tiefen des Alls. Tatsächlich aber soll das Gateway lediglich im cis-lunaren Raum kreisen. Dieser Begriff beschreibt recht schwammig das gemeinsame Schwerefeld von Mond und Erde.

Bei der anvisierten Umlaufbahn für das Gateway handelt es sich um einen sogenannten Haloorbit. Die Station kreist dabei in der Nähe mehrerer Punkte im All, bei denen sich die Schwerkraft von Erde und Mond gerade aufheben und die als Lagrange-Punkte bezeichnet werden. Da diese Lagrange-Punkte im All mit der Zeit wandern und selbst gar keine Schwerkraftwirkung entfalten, ist ein Haloorbit nur mit häufigen Kurskorrekturen zu halten. Der Vorteil der Lagrange-Punkte ist gleichzeitig ihr Nachteil: Sie liegen am Rand der Schwerkraftwirkung der Erde und sind mit irdischen Raumschiffen recht leicht zu erreichen, dafür ist die Distanz zur Mondoberfläche beträchtlich – sie schwankt zwischen 1500 und 70.000 km. Die aktuelle Bahnhöhe der ISS über der Erde liegt im Vergleich bei gerade 400 km.

Aus diesem Grund haben mehrere Mondveteranen recht einmütig gegen das Gateway im Haloorbit Stellung bezogen, auf einer Tagung der Nutzergruppe des US-amerikanischen National Space Council Mitte November im NASA-Hauptquartier, wie das Magazin SpaceNews berichtet [1]: Die mehrfache Space-Shuttle-Kommandantin Eileen Collins kritisierte, dass erst in zehn Jahren Menschen zum Gateway fliegen sollen. Auch Apollo-Astronaut Harrison Schmitt forderte „mehr Druck“ ein; sein Kollege und zweiter Mann auf dem Mond Buzz Aldrin bezeichnete gleich das ganze Gateway als absurd: „Warum sollte man eine ganze Crew zu einem Punkt mitten im Raum schicken, dort einen Lander besteigen und erst dann [zum Mond] absteigen?"

Eine Raumstation für Orion

Warum dann überhaupt eine Station im cis-lunaren Raum? Die NASA argumentiert mit einer Abwägung verschiedener Fakten: Dazu gehören ein geringer Treibstoffeinsatz zum Halten der Bahn, ein schneller und sicherer Rückflug zur Erde, möglichst seltene Flüge der Station durch den Mondschatten und eine gesicherte Kommunikation mit der Erde. All diese Faktoren seien im Haloorbit günstiger als bei einer Station im niedrigen Mondorbit oder gar einer Basis auf dem Boden.

Ausschlaggebend sind aber letztlich die limitierten Fähigkeiten des Orion-Raumschiffs selbst: Jede Bahnänderung, die näher zum Mond führt, kostet Treibstoff, weil dafür die Bahngeschwindigkeit geändert werden muss. Die Änderung der Geschwindigkeit, kurz delta v, ist begrenzt, denn Orion hat eine endliche Menge Treibstoff dabei, die wiederum durch die maximale Nutzlast der Rakete SLS begrenzt wird. Und Orion schafft es nun einmal nicht weiter als in den Haloorbit. Ein Weiterflug vom Gateway zur Oberfläche des Mondes ist mit Orion nicht möglich.

Ein Treibstoffdepot fernab der Rohstoffe

Treibstoff ließe sich natürlich auch im All gewinnen. Theoretisch wäre es denkbar, die Zutaten für einen soliden Raketenantrieb auf dem Mond zu gewinnen: Wasserstoff und Sauerstoff. Raumsonden haben bestätigt, dass in ständig schattigen Kratern am Mondsüdpol viel Wasserstoff lagert. Vermutlich gibt es dort auch Wassereis, das Sauerstoff liefern würde. Sauerstoff ist dazu überall im Silikatgestein des Mondes gebunden. Eine neue Bergbauindustrie müsste auf dem Mond also die Grundstoffe gewinnen und verarbeiten, um reinen Wasserstoff und Sauerstoff zu gewinnen.

Ab diesem Zeitpunkt wäre eine Mondbasis unabhängig von den wohl wichtigsten Rohstoffen der bemannten Raumfahrt: Treibstoff für den Antrieb und Wasser für den Menschen. Doch dieser Treibstoff läge nun auf der Mondoberfläche und müsste wiederum zum Treibstoffdepot transportiert werden, dem Gateway auf jenem Haloorbit, der auch vom Mond aus nur unter größerem Energieeinsatz (delta v) zu erreichen ist.

Ein Tor nach (n)irgendwo

Nun steckt das Wort Gateway weiter im Namen der Mondstation: Die Lunar Orbital Platform-Gateway soll also eine Art Tor sein, laut NASA vielleicht irgendwann eine Zwischenstation für Flüge zum Mars. Der US-Mondforscher Clive Neal von der University of Notre Dame im Bundesstaat Indiana glaubt nicht daran. Er sagt, die anvisierte Lebenszeit des Gateways liege bei gerade 15 Jahren. Und es sei kaum realistisch, in dieser Zeit parallel zu bemannten Mondflügen auch noch eine bemannte Mission zum Mars zu starten.

Das Gateway ist somit höchstens eine Forschungsstation ähnlich der ISS, die aber vielfach kleiner und nur an drei Monaten im Jahr bemannt sein soll. Und sie könnte eine Zwischenstation auf dem Weg zur Mondoberfläche sein.

Eine Mondstation (noch) ohne Landefähre

Es scheint, das Gateway hat trotz der vielen eingegangenen Kompromisse zumindest einen Vorteil: Es liegt näher am Mond als die Erde und kann daher als Plattform für Ausflüge auf die Oberfläche dienen. Wenn es auch Orion nicht bis zur Oberfläche schafft, könnte ein separater Lander als Fähre zwischen dem hohen Haloorbit und dem festen Mondgrund pendeln.

Tatsächlich gibt es Pläne, eine Fähre vom Gateway hinab in den niedrigen Mondorbit – oder direkt zur Oberfläche – fliegen zu lassen. Nur: Wirklich sinnvoll ist das für tonnenschwere Raumschiffe mit Menschen an Bord nicht. Verglichen mit einem Direktflug Erde–Mondoberfläche kostet der Umweg über das Gateway deutlich mehr Energie.

Dazu kommt, dass die Entwicklung solcher Lander längst noch nicht so weit fortgeschritten ist wie die des Gateways selbst. Obwohl bei der NASA Studien für einen wiederverwendbaren Lander laufen, ist die Entwicklungsarbeit vorerst an Japans Raumfahrtbehörde JAXA und die ESA outgesourct. Die ESA hat zwar auch schon ein entsprechendes Programm namens Heracles angestoßen, das aber bislang kaum über Konzeptstudien hinausgekommen ist und dessen erste Schritte ohnehin unbemannte Lander wären, die vielleicht von Astronauten an Bord des Gateways ferngesteuert werden könnten. Dass darauf binnen weniger Jahre bemannte Raumfähren für die Mondoberfläche folgen werden, ist zweifelhaft: Denn weder ESA noch JAXA sind bei Mondlandern bislang sonderlich erfahren. Beide Raumfahrtagenturen haben keine einzige Sonde auf dem Erdtrabanten gelandet. Ihre Lernkurve dürfte steil sein.

Europas Beitrag: Industriepolitik oder Moon-Village-Vision?

Während die NASA beim Gateway voranprescht und Russland schon wegen seiner Erfahrungen beim Bau von Raumstationen gern mit dabei wäre, sind die kleineren Partnerstaaten der ISS beim Gateway vorsichtiger. Ein Besuch von NASA-Administrator Jim Bridenstine in Kanada endete kürzlich nicht mit der erwarteten Zusage eines Roboterarms, den der nördliche US-Nachbar für das Gateway bereitstellen sollte. Und das, obwohl kanadische Roboterarme zuvor sowohl dem Space Shuttle als auch der ISS spendiert worden waren.

Die ESA ist dagegen scheinbar ganz vorn mit dabei: Die Entscheidung für den europäischen Beitrag zu Orion fiel allerdings lange bevor die US-Raumfahrt auf den Mond als Ziel umschwenkte und auch bevor Jan Wörner 2015 als neuer ESA-Generaldirektor seine Idee eines Moon Village zum neuen Ziel der internationalen Raumfahrt ausrief: Schon 2011 sagte Europas Raumfahrtagentur zu, mit dem Servicemodul eine elementare Komponente des Orion-Raumschiffs zu liefern, deren erste Ausführung im Oktober 2018 an die NASA geliefert wurde.

Warum macht nun Europa bei Orion mit? Das scheint vor allem industriepolitische Gründe zu haben: Insgesamt fünf Automated Transfer Vehicles (ATV) fertigte die europäische Raumfahrtwirtschaft für Flüge zur ISS. Nicht nur optisch ähnelt Orions Servicemodul der Rückseite des ATV: Die Erfahrungen der Ingenieure flossen direkt in das Servicemodul ein, das nun wohl vielfach gebaut und gestartet werden muss. Zwar hat die ESA bislang nur zwei Antriebsmodule bestellt; vermutlich dürften jedoch bei einem 15-jährigen Betrieb des Gateways noch etliche hinzukommen.

Später wird alles besser?

Die erste Ausbaustufe der Lunar Orbital Platform-Gateway soll frühstens 2026 abgeschlossen sein, wenn eine erste Crew eine Luftschleuse installiert und die kleine Raumstation erstmals betritt. Irgendwann ab 2030 könnte das Gateway nach aktueller Planung mit einem Habitatmodul, einem Logistikmodul für Stauraum, zwei Luftschleusen und zwei großen Solarzellenausleger fertiggestellt sein. Damit wird das Gateway nur ein Bruchteil der Größe erreichen, den die ISS bietet. Und Flüge zur Mondoberfläche dürfte es in dieser Ausbaustufe vermutlich noch nicht geben, weil keine

Fähre existiert, was wiederum die Suche nach Ressourcen auf dem Mond verzögern dürfte. Der US-Raumfahrtingenieur Robert Zubrin bezeichnet das Gateway daher als „nächsten großen Schritt in den Treibsand".

Ein Lichtblick: Das Konzept des Gateways ist derzeit noch immer im Wandel begriffen. Der Beitrag erfahrener Raumfahrtnationen wie Russland ist noch nicht ausgehandelt; auch China könnte sich beteiligen, sollte der politische Wind in den USA sich drehen. US-Unternehmen wie SpaceX und Blue Origin planen gewaltige Raketen, mit denen sie Flüge zum Mond günstiger und damit auch für privatwirtschaftliche Kunden attraktiv machen könnten. Es ist somit vorstellbar, dass das Gateway trotz aller Kritik schließlich das wird, was es immer sein sollte: der nächste große Schritt des Menschen ins All.

Erschienen am 28.11.2018 auf Weltraumreporter.de

Literatur

1. Foust, J.: Former astronaut criticizes lunar gateway plans. Spacenews. https://spacenews.com/former-astronaut-criticizes-lunar-gateway-plans/ (18.06.2018) Zugegriffen: 13. August 2019

Missionsziel

Vom neuen Wettlauf zum Erdtrabanten

Eugen Reichl

Nach den stürmischen Anfangsjahren der Raumfahrt wurde es still um den Mond. „Wir waren da, und damit ist die Sache erledigt". So schien es. Doch nun erlebt der Mond eine Renaissance. Indische Sonden umkreisen ihn, chinesische Rover drehen ihre Runden auf Vorder- und Rückseite, israelische und deutsche Privatunternehmen wollen dort ihre Roboter landen, und schon in wenigen Jahren werden ihn auch Menschen wieder besuchen. Wir blicken zurück und wagen einen Blick in die Zukunft.

In Kürze

- Vor 50 Jahren betraten Menschen erstmals den Mond. Danach verebbten die Besuche unseres Trabanten für Jahrzehnte.
- Nationen, Organisationen und auch Privatfirmen entdecken nun ihr Interesse am Mond neu – nicht nur aus wissenschaftlichen Beweggründen.
- Hier stellen wir die vergangenen und künftigen Vorhaben der Raumfahrt zum Mond vor.

Am 14. September 1959, zwei Minuten nach Mitternacht Moskauer Zeit, erreichte das erste von Menschen geschaffene Objekt die Mondoberfläche. Der Einschlag erfolgte ungebremst, 800 km vom Zentrum der sichtbaren Mondscheibe entfernt, zwischen den Kratern Autolycus und Archimedes,

E. Reichl (✉)
Luft- und Raumfahrtunternehmen EADS, Leiden, Netherlands

K. Urban (Hrsg.), *Der Mond*, https://doi.org/10.1007/978-3-662-60282-9_21

mit einer Geschwindigkeit von etwa 12.000 km pro Stunde. 30 min später erschütterte ein zweiter Einschlag die Mondoberfläche, als auch die dritte Stufe der R-7-Trägerrakete den Mond erreichte. Die sowjetische Nachrichtenagentur TASS meldete sich wenige Stunden später stolz mit folgendem Wortlaut:

> „Heute, am 14. September, um 00:02:24 Uhr Moskauer Zeit, erreichte ein zweites sowjetisches Raumfahrzeug die Oberfläche des Mondes. Zum ersten Mal in der Geschichte ist damit ein Raumflug von einem Himmelskörper zu einem anderen erfolgt. In Erinnerung an dieses Ereignis wurden Plaketten mit dem Emblem der UdSSR und der Inschrift Union der sozialistischen Sowjetrepubliken, September 1959, auf der Oberfläche des Mondes platziert. Das Erreichen der Mondoberfläche durch dieses sowjetische Raumfahrzeug ist ein bemerkenswerter Erfolg der Wissenschaft und Technologie. Es ist der Anfang einer neuen Phase in der Weltraumforschung."

Die korrekte Bezeichnung des Raumfahrzeuges, E-1-6, klang ein wenig spröde. Der breiten Öffentlichkeit wurde es daher unter dem Namen bekannt, den die TASS dem Objekt gab: Luna 2. Das mit dem „zweiten sowjetischen Raumfahrzeug" in der Meldung bezog sich im Übrigen auf Luna 1. Die hatte im Januar desselben Jahres den Mond noch verfehlt, was seinerzeit der Öffentlichkeit als geplanter Vorbeiflug verkauft worden war. Von da an, so schien es, gehörte der Mond zu unserem Heimatplaneten. Die Metapher vom siebten Kontinent der Erde machte die Runde. Nur wenige Wochen nach Luna 2 verzeichnete die Sowjetunion einen weiteren Erfolg, als Luna 3 die ersten Bilder von der Rückseite des Mondes übermittelte.

Die Luna-Missionen 2 und 3

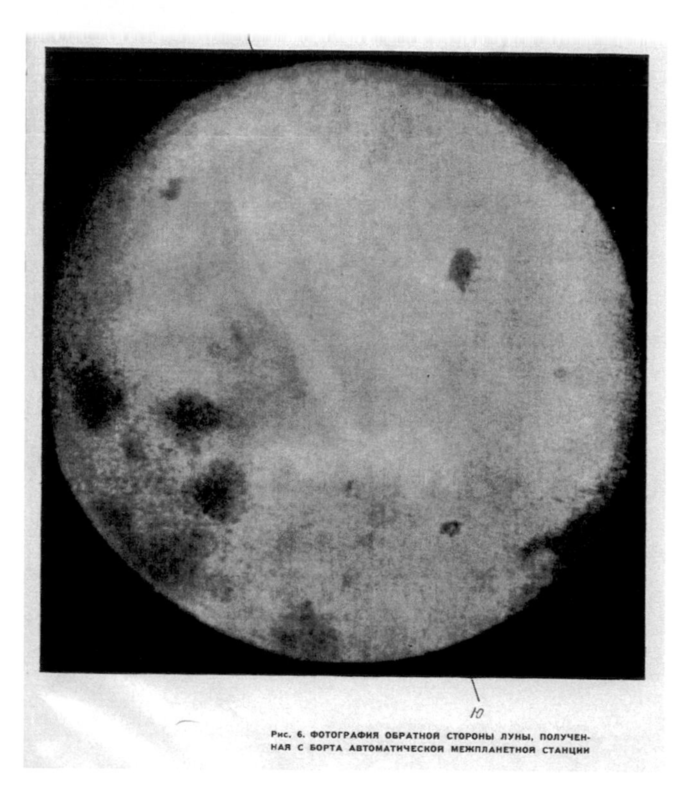

Die Einschlagsonde Luna 1 verfehlte den Mond, was die sowjetische Propaganda aber als geplanten „Vorbeiflug" verkaufen konnte. Die baugleiche Sonde Luna 2 war jedoch erfolgreich: Die 390 kg schwere Sonde schlug am 13. September 1959 auf der Mondoberfläche auf. Der Nachfolger Luna 3 umflog im Oktober 1959 den Erdtrabanten auf einer zirkumlunaren Bahn und machte die ersten Bilder von seiner bis dahin unbekannten Rückseite

Im Januar 1966 gelang Luna 9 die erste weiche Landung auf dem Erdtrabanten, und kurz darauf erreichte mit Luna 10 erstmals eine Raumsonde eine Umlaufbahn um den Mond.

Die Amerikaner ziehen nach

Dann begann die Zeit der bemannten Raumflüge zum Mond im Rahmen des Apollo-Programms der NASA. Es schien, als sei dem Menschen im Weltraum von nun an alles möglich. Nur vier Jahre lagen zwischen der ersten bemannten Umkreisung des Erdbegleiters durch Apollo 8 im Dezember 1968, bis zur letzten Landung – von Apollo 17 – im Dezember 1972. 24 Menschen flogen zum Mond, drei von ihnen sogar zweimal. Zwölf US-Astronauten landeten auf dem Erdtrabanten und gelangten wieder sicher zur Erde zurück.

Ursprünglich war das Apollo-Programm bis zur Mission von Apollo 20 geplant gewesen. Die Hardware dafür stand bereit. Die Flüge von Apollo 18, 19 und 20 sollten nach dem Skylab-Programm im Abstand von jeweils einem Jahr durchgeführt werden, um so die Zeit bis zum ersten Shuttle-Flug zu überbrücken. Doch dazu kam es nie. Die drei komplett fertigen Garnituren an Apollo-Raumschiffen und Landefähren wanderten ins Museum.

Ein Fiasko auf der ganzen Linie waren die beiden bemannten Mondprogramme der UdSSR: das Projekt L1 mit der zirkumlunaren Umfliegung des Erdtrabanten und das Programm L3 mit der eigentlichen Landung auf dem Mond.

Mit ihren unbemannten Sonden war die Sowjetunion dagegen erfolgreicher. Die erste Probenrückführung von Mondmaterial zur Erde gelang mit Luna 16 im September 1970. Luna 17 brachte im November 1970 den ersten Lunochod-Rover auf den Mond. Danach sandten die Sowjets noch einen weiteren Rover und mehrere Orbiter und Lander mit Probenrückführkapseln zum Erdbegleiter.

Am 24. August 1976 berichtete die Nachrichtenagentur TASS, dass mit der Landestufe von Luna 24 auf dem Mond noch Kontakt bestehe. Diese Meldung war die letzte offizielle Verlautbarung, die jemals im Rahmen des sowjetischen Luna-Programms gemacht wurde. Damit endete die erste Phase der astronautischen Monderkundung. Es wurde still um den Erdtrabanten.

Der Mond gerät in Vergessenheit

Zwischen August 1958 und August 1976, in einem Zeitraum von nur 18 Jahren, waren mehr als einhundert Raumsonden zum Mond geschickt worden. In den darauffolgenden 18 Jahren waren es genau zwei: Die japanische Kleinsonde Hiten im Januar 1990 und die kaum größere US-Sonde

Clementine im Januar 1994. Und diese stammte noch nicht einmal von der NASA, sondern von der militärischen Ballistic Missile Defense Organisation.

Auch das US-Verteidigungsministerium hatte mit dem Mond nichts am Hut. Clementine war ein Technologieträger, der neue Sensoren und Komponenten in unterschiedlichen Weltraumumgebungen erproben sollte. Das sollte am Mond und vor allem am Asteroiden Geographos geschehen. Viel Geld wollten die Militärs dafür nicht ausgeben, und überredeten daher die nicht sonderlich interessierte NASA zu einer Beteiligung.

Das Desinteresse hatte seinen Grund, denn der Mond war 1994 tabu. Die Clementine-Mission erfolgte nicht lange nach der Zeit, als Vizepräsident Dan Quayle die Raumfahrtbehörde aufgefordert hatte, ein Programm für die Space Exploration Initiative auszuarbeiten, und das dafür benötigte Budget zu bestimmen. An dieser Stelle beging die NASA den größten Fehler ihrer Geschichte. In der Hoffnung, wieder zu alter Größe und Ruhm zurückzukehren, entwarf sie die bis auf den heutigen Tag berüchtigte „90-Tage-Studie" – ihr exakter Name war „The 90-Day Study on Human Exploration of the Moon and Mars". Es war der Plan einer grandiosen Weltraumoper, die sich über drei Jahrzehnte erstrecken und 500 Mrd. US$ kosten sollte. Das Konzept fiel im Kongress mit Pauken und Trompeten durch.

Exakt zu dieser Zeit also, als der Mond in der US-Raumfahrt nicht mehr gesellschaftsfähig war, übermittelte Clementine die Entdeckung von Wassereis auf dem Erdtrabanten. Nichts hätte der NASA ungelegener kommen können, und so stellte die Raumfahrtbehörde augenblicklich die Erkenntnisse dieser Forschungssonde in Frage. Das Letzte, was sie im gereizten politischen Umfeld der damaligen Zeit hätte gebrauchen können, war eine großangelegte Initiative der Wissenschaftsgemeinde, den Mond wieder in den Fokus der Aufmerksamkeit zu bewegen. Immerhin wurde – um die Forscher ruhig zu stellen – 1998 die Kleinsonde Lunar Prospector losgeschickt, um sich die Sache mit dem Eis noch einmal genauer anzuschauen.

Es sollte danach noch einmal elf Jahre dauern, bis die NASA den Lunar Reconnaissance Orbiter (LRO) und die Einschlagsonde LCROSS (Lunar Crater Observation and Sensing Satellite) zum Mond entsandte. In dieser Zeit unternahmen die USA mit dem Constellation-Programm auch einen ziemlich kostspieligen neuen Anlauf für ein bemanntes Programm. Die Hoffnung auf die bemannte Rückkehr zum Mond währte aber nur kurz, denn 2010 wurde es von Präsident Obama wieder eingestellt. Statt zum Mond wollte man nun irgendwann nach 2025 auf einem erdnahen Asteroiden landen.

Der Rover Yutu

Dieses Foto des Rovers Yutu wurde von der chinesischen Landesonde Chang'e-3 gemacht, während Yutu seinerseits den Lander fotografierte. Yutu bedeutet „Jadehase". In der chinesischen Mythologie ist er der Begleiter der Mondgöttin Chang'e. Der Name war in einer Online-Umfrage ausgewählt worden

Neue Player aus Europa und Asien

Während die Amerikaner gerade das Constellation-Programm im Keim erstickten, hatten die Raumfahrt-Mittelmächte Europa, Indien, Japan und China eine Reihe von Mondsonden losgeschickt. Die ESA hatte 2003 mit SMART-1 (Small Mission for Advanced Research in Technology) den Reigen eröffnet. Allerdings ging es dabei eher um die Erprobung eines Ionenantriebs, als um eine detaillierte Erforschung des Erdtrabanten. Und das war es dann für Europa auch schon mit dem Mond. Denn von unzähligen Studien einmal abgesehen, ist die ESA nie wieder ernsthaft mit eigenständigen Mond-Programmen angetreten.

2007 war das Jahr, an dem die Chinesen mit Chang'e-1 erstmals den Erdbegleiter ins Visier nahmen. Nur wenige Wochen zuvor hatte Japan SELENE (Selenological and Engineering Explorer) in den Mondorbit geschickt, welcher wunderbar ästhetische Bilder zur Erde lieferte und damit auch die Aufmerksamkeit der Öffentlichkeit für den Erdtrabanten wiedergewann. Indien startete im Oktober 2008 seinen Mondorbiter Chandraayan. Es war seinerzeit die erste Mission dieses Landes, die über den Erdorbit hinausging. 2010 legte China mit dem Mondorbiter Chang'e-2 nach. Die Amerikaner entsandten 2011 die beiden GRAIL-Forschungssonden (Gravity Recovery And Interior Laboratory) zur Erforschung des lunaren Schwerefeldes und 2013 LADEE (Lunar Atmosphere and Dust Environment Explorer), der die hauchfeine Atmosphäre des Mondes und die Staubverteilung darin unter die Lupe nahm. Bis dahin war das alles Wissenschaft vom Feinsten, aber nicht viel mehr.

Doch 2013 kam erstmals Unruhe auf, denn die Chinesen wurden zum dritten Mal aktiv. 37 Jahre und vier Monate nach Luna 24, der bis dahin letzten (unbemannten) Landung auf dem Erdtrabanten, glückte das am 14. Dezember 2013 auch den Chinesen. Und nicht nur das; Chang'e-3 führte auch einen Rover mit sich. Seinen Namen Yutu – der „Jadeha se", der in der chinesischen Mythologie der Begleiter der Mondgöttin Chang'e ist hatte er in einer Online-Umfrage erhalten (siehe Bild auf S. 196).

Langsam begann sich der Verdacht der misstrauischen Amerikaner zu verdichten. Galt es hier „claims" abzustecken? Ging es vielleicht um Hegemonialansprüche? Sollte man da nicht besser mit dabei sein, wenn man nichts versäumen wollte?

Das neue Interesse am Mond

Doch nicht nur strategische Überlegungen beförderten das neue Interesse am Erdbegleiter. Einen enormen Anschub brachte der Google Lunar XPRIZE. Bei diesem Wettbewerb ging es darum, mit privat konstruierten und gebauten Raumfahrzeugen ohne wesentliche institutionelle Beteiligungen auf dem Mond zu landen. Der Google Lunar XPRIZE endete zwar im März 2018, ohne das unmittelbare Ziel einer unbemannten Landung auf dem Mond erreicht zu haben; doch während er ausgeschrieben war, gelang es einer ganzen Reihe von Unternehmen, sich eine technologische und finanzielle Basis für weitere Schritte aufzubauen. Zudem erwies sich der Wettbewerb als enorm öffentlichkeitswirksam, und diente so als zusätzlicher Katalysator für das Interesse am Mond. Er pflanzte die Vorstellung der Machbarkeit einer Mondlandung mit vergleichsweise moderaten Mitteln in die Köpfe der Menschen.

Dass es auf dem Mond wertvolle Ressourcen gibt, war zwar schon seit der Apollo-Ära bekannt, aber in Verbindung mit dem Basiselement Wasser bekam diese Erkenntnis eine ganz neue Dimension. Damit eröffnete sich die Möglichkeit, diesen für eine Vielzahl von Zwecken lebenswichtigen Stoff künftig nicht mehr unter aberwitzigem Aufwand von der Erde mitnehmen zu müssen, sondern direkt vor Ort gewinnen zu können.

Verglichen mit den Apollo-Tagen stehen inzwischen auch völlig neue Technologien zur Verfügung. Angefangen von den enormen Fortschritten im Bereich der Daten- und Informationsverarbeitung, über die Robotik, bis hin zu praktischen Hilfsmitteln wie etwa 3-D-Druckern, mit denen es ein Leichtes sein sollte, innerhalb kurzer Zeit strahlungssichere Habitate herzustellen. Einfach, indem man aus dem überall herumliegenden Regolith der Mondoberfläche Ziegel herstellt.

Weiterhin bietet sich der Mond als Testgelände für neue Technologien und Forschungsmöglichkeiten an. Selbst die Radioastronomen schielen schon lange auf den Mond. Seine Rückseite ist geradezu ideal, um dort Radioantennen zu installieren, weil dort der gesamte Mondkörper jegliche störende elektromagnetische Strahlung der Erde abschirmt.

In den letzten Jahren wächst das Verständnis, dass der Mond und seine Umgebung das nächste gemeinsame Ziel der Raumfahrtnationen sein könnte. Das wäre quasi das Nachfolgeprojekt zur Internationalen Raumstation. In ganz ähnlicher Weise stellt das eine große, technologisch herausfordernde und wissenschaftlich hochinteressante Aufgabe dar, die es gemeinsam zu meistern gilt. Wie bei der ISS kann ein solches Vorhaben die internationalen Beziehungen verbessern oder sogar kitten. Somit herrscht wieder eine erhebliche und zunehmende Betriebsamkeit um und auf dem Mond.

2009–2018: Der Anfang der Rückkehr

Seit nunmehr zehn Jahren fotografiert der Lunar Reconnaissance Orbiter unermüdlich die Mondoberfläche. Mit seinem ungemein leistungsfähigen Kamerasystem ist er in der Lage, aktuelle Oberflächenmissionen zu unterstützen, Geschichtsforschung zu betreiben – indem er die ehemaligen Apollo- und Luna-Landegebiete genau untersucht oder Einschlagstellen von Raketenstufen oder Sonden aufspürt – und aktuell interessante Gebiete und Formationen unter die Lupe zu nehmen. Für die Wissenschaft von großer Wichtigkeit ist seine Langlebigkeit. So geben zum Beispiel Aufnahmen von Gebieten, die nach Jahren erneut fotografiert werden, Hinweise auf die Einschlaghäufigkeit von Meteoriten auf der Mondoberfläche. Ein solch sehenswertes Ereignis wurde bei der Mondfinsternis im Januar 2019 von zahlreichen Hobbyastronomen verfolgt (siehe SuW 3/2019).

Nur ein Jahr nach der Landung von Chang'e-3 starteten die Chinesen am 23. Oktober 2014 Chang'e-5-T1. Ihre Aufgabe war es, die Technologie für das Transfer- und Erdlandesegment einer Probenrückführmission zu erproben. Chang'e-5-T1 umflog den Mond auf einer weiten zirkumlunaren Bahn, ohne zunächst in eine Umlaufbahn einzutreten. Im Grunde handelt es sich dabei um einen extrem exzentrischen Erdorbit, auf der sie sich 13.000 km hinter dem Mond herumschwang. Auf dem absteigenden Ast der Bahnparabel gab das Vehikel eine 335 kg schwere Erdlandekapsel mit der Bezeichnung Xiaofei frei, ein maßstabsgetreu verkleinertes Modell einer bemannten Shenzhou-Rückkehrkabine. Diese Landekapsel ging am 31. Oktober 2014 in der Inneren Mongolei nieder. Das Mutterfahrzeug Chang'e-5-T1 begab sich danach zum zweiten Lagrange-Punkt L2 des Erde-Mond-Systems und trat von dort aus am 13. Januar 2014 in einen Mondorbit mit einem mondnächsten Punkt (Periselenum) von 200 km, einem mondfernsten Punkt (Aposelenum) von 8000 kmn und einer Umlaufperiode von acht Stunden ein. Chang'e-5-T1 ist, wie Chang'e-3, weiterhin voll funktionsfähig.

Chang'e-4 mit dem Rover Yutu-2 folgte im Dezember 2018 (siehe SuW 3/2019). Erstmals in der Geschichte der Raumfahrt gelang dieser Sonde eine Landung auf der erdabgewandten Seite des Erdtrabanten im 180 km durchmessenden von-Karman-Krater. Von der Rückseite des Mondes ist eine direkte Datenübermittlung zur Erde und ein Funkverkehr mit Chang'e-4 natürlich unmöglich. Um das zu bewerkstelligen, hatten die Chinesen am 21. Mai 2018 die Relais-Sonde Queqiao gestartet. Sie wurde auf einen Halo-Orbit um den Lagrange-Punkt L2 des Erde-Mond-Systems geschickt, und hat von dort aus sowohl die Landesonde als auch die Erde gleichzeitig in Sicht. Zusammen mit ihr gingen auch die beiden jeweils 45 kg schweren Kleinraumsonden Longjiang-1 und Longjiang-2 auf die Reise. Beide befinden sich seither in einer Mondumlaufbahn. Longjiang-1 fiel allerdings schon bald nach dem Start aus.

Als erstes der vielen privaten Projekte, die aus dem Lunar Google XPRIZE Wettbewerb hervorgegangen sind, machte sich am 22. Februar 2019 die israelische Raumsonde Beresheet des Unternehmens SpaceIL auf den Weg. Das Vehikel wurde dabei nicht direkt auf eine Mondtransferbahn geschickt, sondern als Sekundärnutzlast – Hauptnutzlast des Fluges war der malaysische Kommunikationssatellit Nusatara Satu – einer Falcon-9-Rakete von SpaceX auf einem hoch elliptischen Erdorbit abgesetzt. Von dort schraubte sie sich in mehreren, um Wochen getrennten, Bahnmanövern bis auf die Höhe der Mondbahn und trat am 4. April 2019 in eine Mondumlaufbahn ein. Am 11. April sollte das beim Start 585 kg schwere Raumfahrzeug auf die Oberfläche landen, doch leider zerschellte die Sonde im Mare Serenitatis (siehe SuW 6/19). Nach einer Anomalie im Steuerungssystem hatte die Missionskontrolle mit einem falschen Kommando reagiert, in dessen Folge das Haupttriebwerk abgestellt wurde und nicht mehr reaktiviert werden konnte.

Für den Sommer 2019 hat sich die indische Raumfahrtagentur ISRO mit Chandrayaan-2 deutlich höhere Ziele gesetzt als die Israelis. Ihr Raumfahrzeug ist ein komplexes Vehikel, und mit knapp vier Tonnen Startgewicht schon fast in der Klasse von Chang'e-4. Anders als dieser – der nur aus Lander und Rover besteht – ist die indische Raumsonden-Kombination aus einem Orbiter, einem Lander und einem Rover zusammengesetzt. Eigentlich hätte dieses Trio schon im April 2018 starten sollen, aber es gab immer wieder Verschiebungen. In der Endphase der Entwicklung wurde das Gerät aber immer komplexer und schwerer. So muss nun Indiens Raumfahrtagentur anstelle der ursprünglich geplanten Mark II-Variante des Geostationary Launch Vehicles (GSLV) nun die deutlich leistungsstärkere Mark III-Version dieses Trägers als Transportmedium verwenden. Das Mehrgewicht fiel vor allem beim Vikram-Lander an, der nach Vikram Sarahbai benannt ist, dem Vater der indischen Raumfahrt. Das machte umfangreiche Modifikationen erforderlich. So müssen jetzt beispielsweise fünf, statt bislang vier Landetriebwerke eingebaut werden. Außerdem sind zwei zusätzliche Treibstofftanks und ein größerer Helium-Drucktank nötig.

Zudem will sich noch ein privates indisches Team in diesem Jahr zum Mond begeben. Wie das israelische SpaceIL entstand auch Team Indus in der Folge des Google Lunar XPRIZE. Ihr HHK1-Lander mit dem ECA-Rover ist im Prinzip fertig entwickelt. Allerdings hat sich das Team mit der Bereitstellung der Trägerrakete verspekuliert, von der man wohl annahm, dass sich dafür schon ein Sponsor finden würde. Doch nach wie vor ist die Frage der Finanzierung des Trägers ungeklärt. Vielleicht hilft hier die Namensgebung für den Rover und Lander ein wenig. HHK steht nämlich für den Sanskrit-Ausdruck Hum Honge Kamyaab, was man mit „Wir werden es schaffen". übersetzen könnte und ECA steht für Ek Choti si Asha, und das bedeutet „eine kleine Hoffnung".

2020–2023: Was sind die Pläne?

Die Missionen, die in den nächsten vier Jahren starten werden, befinden sich bereits in der mehr oder weniger fortgeschrittenen Hardware-Phase. Aktuell ist klar erkennbar, dass in dieser Zeit bei den Landemissionen die

Chinesen weiterhin den Ton angeben werden. Schon in wenigen Monaten – Experten rechnen derzeit im Dezember 2019 oder Januar 2020 damit – soll Chang'e-5 in der Gegend des Mons Rümker, im Ozean der Stürme, auf der Mondvorderseite landen, und zwei Kilogramm Gesteinsproben zur Erde zurückbringen. Und zwar nicht irgendwelches schnell zusammengescharrtes Oberflächenmaterial, sondern eine Kernprobe, die ein Bohrer aus zwei Metern Tiefe zieht. Die Mission beginnt mit einer Verspätung von einem Jahr, weil es Probleme mit der neu entwickelten Langer-Marsch-5-Trägerrakete gab. Das Raumfahrzeug selbst ist schon seit einer ganzen Weile fertig, getestet und startbereit.

Im Bau befindet sich auch Chang'e-6, eine weitere Probenrückführmission, deren Start noch nicht fest geplant ist, aber nach derzeitiger Sicht 2023 auf der Mondrückseite landen könnte. An dieser Sonde beteiligt sich übrigens auch die französische Raumfahrtbehörde CNES mit mehreren Instrumenten. Möglicherweise wird Chang'e-7 noch vor Chang'e-6 starten. Ihre Aufgabe wird die Suche nach Ressourcen am Südpol des Mondes sein, dem Aitken-Becken. Dafür wird sie mit einem Rover der zweiten Generation ausgerüstet.

Werfen wir bei der Gelegenheit auch einen Blick nach Russland. Seit vielen Jahren gibt es dort eine lange Liste viel zu ambitionierter Mondpläne. Sie zeichnen sich vor allem dadurch aus, dass die jeweils erste Mission dieser Aufstellung zu jedem beliebigen Zeitpunkt mindestens zwei Jahre in der Zukunft liegt. Das ist selbst beim relativ sicheren Projekt der Raumsonde Luna 25, auch Luna-Glob genannt, so. Das Vorhaben befindet sich inzwischen seit über 20 Jahren in der Pipeline der Planer.

Vorgesehen ist eine Landung im Krater Boguslawski, in der Nähe des lunaren Südpols. Nachdem für dieses Projekt tatsächlich bereits Hardware im Bau, und die Finanzierung offensichtlich gesichert ist, kann man auch ausnahmsweise wirklich irgendwann mit einem Start rechnen. Recht viel weiter als bis Luna 25 brauchen wir mit Russland aber vorläufig nicht zu rechnen, obwohl fast im Wochenrhythmus neue, teilweise immens anspruchsvolle Pläne bekannt gegeben werden.

Den kombinierten Datenrelais- und Ressourcen-Orbiter Luna 26 wird es nur geben, wenn auch Luna 27 realisiert wird. Luna 27 soll auf der Mondrückseite landen, was bedeutet, dass man einen Kommunikationssatelliten benötigt, der gleichzeitig die Erde und das Landefahrzeug im Blickfeld hat. Luna 26 wäre somit das Pendant zur chinesischen Relaissonde Queqiao. Das Startdatum könnte irgendwann nach 2024 sein, und es besteht eine kleine Realisierungswahrscheinlichkeit, weil sich auch die ESA an diesem Vorhaben beteiligen will.

Noch weiter in der Zukunft, und aus derzeitiger Sicht noch unwahrscheinlicher, ist die Durchführung der Mission von Luna 28. Derzeit für „nach 2025" angesetzt, wäre es eine anspruchsvolle Probenrückführmission mit einem Rover, der im Umfeld des Landers Proben einsammelt, in eine Aufstiegsstufe verlädt, die danach in den Mondorbit aufsteigt und an einem Orbiter ankoppelt. Der fliegt dann mit den Bodenproben zur Erde.

Fakt ist leider: Das Land hat längst die astronautischen Fähigkeiten verloren, über die es Mitte der 1970er Jahre verfügte. Know-how ist ein sehr verderbliches Gut. Es löst sich in Nichts auf, wenn es nicht permanent gepflegt wird. Im Falle Russlands ist dieses Wissen definitiv seit Jahrzehnten verschwunden. Es muss von Anfang an neu erarbeitet werden, und nicht zuletzt deshalb wird selbst die relativ schlichte Mission von Luna 25 als „experimentell" bezeichnet. Alle weiteren vollmundigen Versprechen für eine lunare Orbitalstation und eine Oberflächenbasis für das Jahr 2035 können wir getrost vergessen. Selbst Basiselemente solcher Pläne, wie die Entwicklung einer neuen Schwerlast-Trägerrakete und des neuen „Federatsija" -Raumschiffs, das eigentlich schon seit Jahren einsatzbereit sein sollte, sind dem Sankt-Nimmerleins-Tag näher als irgendeinem realen Datum.

SpaceX-Vision

Werden sogar spektakuläre Visionen wie diese von SpaceX in einigen Jahrzehnten Realität sein? Hier gibt es bereits Habitate auf dem Mond und eine Raketenbasis für Flüge in den interplanetaren Raum

Auf der sicheren Seite ist man dagegen, wenn man sich auf den asiatischen Raum konzentriert. Südkorea macht kein großes Aufheben darum, aber das wirtschaftlich und technologisch aufstrebende asiatische Land plant derzeit gleich zwei Mondmissionen, von denen sich die erste bereits in einem fortgeschrittenen Stadium befindet. Die eine ist der Korea Pathfinder Lunar Orbiter (KPLO), der im Dezember 2020 in einen Mondorbit geschickt werden soll, die andere, der Korean Lunar Lander (KLL), soll bald darauf folgen. Der KPLO entsteht mit der Unterstützung der NASA und einiger europäischer Firmen wie der ArianeGroup und befindet sich derzeit im Bau. Der Start wird mit einer Falcon-9-Rakete von SpaceX erfolgen. Der KLL entspricht in seiner Komplexität in etwa dem indischen Vorhaben Chandrayaan-2. Wie dieser besteht er aus einem Orbiter, einer Landestufe und einem kleinen Rover, der die 14 irdische Tage lange Sonnenphase eines Mondtages überstehen soll.

Japan will im neuen Rennen um den Mond nicht hintanstehen und beteiligt sich mit einer technologisch recht fortschrittlichen Landesonde, die im Jahr 2021 zum Erdtrabanten fliegen soll: der Small Lander for Investigating Moon (SLIM). Zunächst war geplant, ihn 2020 mit einer kleinen Trägerrakete des Typs „Epsilon" zu starten. SLIM hätte, bei einem Gesamtgewicht von 546 kg, eine Nutzlast von maximal 127 kg auf die Mondoberfläche bringen können. Aber wie es in der Raumfahrt häufig so ist: Der Starttermin verschob sich und das Gewicht des Landers stieg auf inzwischen 590 kg. Nun wird die wesentlich stärkere H-2A-Trägerrakete benötigt, um ihn zum Mond zu befördern. Auch das Aufgabenspektrum der Sonde hat sich inzwischen erweitert. Sie soll nun vor allem auch ein Technologiedemonstrator für präzise Landungen werden. Vorgesehen ist es, den Landepunkt mit weniger als 100 m Abweichung zu treffen. Das dafür angepeilte Gebiet liegt in den Marius-Bergen, im Ozean der Stürme.

Daneben plant Japan noch zwei Kleinsatelliten, die entweder am Mond vorbeifliegen oder ziemlich hart auf ihm landen sollen. Der eine ist der sechs Basiseinheiten große und 14 kg schwere Cubesat EQUULEUS (Equilibrium Lunar-Earth point 6U Spacecraft), der das Strahlungsfeld im cislunaren Raum messen soll. Er wird zusammen mit der ebenfalls sechs Einheiten großen Cubesat-Sonde OMONTENASHI bei der amerikanischen Orion EM-1 Mission zum Mond mitfliegen. Bei ihm steht die nicht weniger abstruse Abkürzung für Outstanding Moon exploration Technologies demonstrated by Nano Semi Hard-Impactor. OMON-TENASHI ist die kleinste Mondlandesonde der Raumfahrtgeschichte. Sie soll ein kostengünstiges Landeverfahren demonstrieren und mit einer vergleichsweise hohen Geschwindigkeit von etwa 100 km pro Stunde ziemlich hart, aber dennoch unbeschadet, auf dem Mond landen.

NASA nutzt private Unternehmen

Die NASA wurde durch die neue Liebe der US-Regierung zum Mond etwas überrascht und legt sich derzeit noch die Karten für die Detailpläne. Der grobe Rahmen für das NASA Lunar Exploration Program steht aber bereits. Der erste Schritt basiert auf der Erkenntnis, dass sich bereits eine ganze Zahl privater Unternehmen für den Mond interessiert und schon erste Fluggeräte am Start hat. Um diese Sofortkapazitäten zu nutzen, hat die NASA das Commercial Lunar Payload Services Program (CLPS) ins Leben gerufen, ein weit gespannter Programmrahmen mit einem Umfang von 316 Mio. US$, unter dem Einzelverträge vergeben werden können.

Davon profitiert beispielsweise Moon Express. Die in Cape Canaveral beheimatete Firma entwickelt skalierbare, modulare Plattformen, mit den Bezeichnungen MX-1 bis MX-9, die zwischen 30 und 500 kg Nutzlast auf die Mond oberfläche bringen können. Der Jungfernflug des MX-1-Vehikels geht aber nicht gleich auf die Oberfläche, sondern in den Mondorbit. Das macht Sinn, denn um die bei Moon Express immer etwas knappe Finanzdecke aufzupolstern, will man der NASA das Konzept auch als Plattform für Missionen zu Asteroiden und den Marsmonden empfehlen. Da ist eine Flugdemonstration keine schlechte Idee. Erst bei der zweiten Mission ist dann eine Landung geplant.

Das zweite private US-Unternehmen, das sich zum Mond aufmacht, ist Astrobotic, deren Peregrine-Lander ab 2020 jährlich etwa einmal den Mond ansteuern soll. Bei der in Pittsburg angesiedelten Firma ist auch Airbus Defence und Space in Bremen mit vertreten. Denn diese Firmen bauen die Landebeine und stellen technische Unterstützung bereit. Selbst die Deutsche Post in der Form von DHL ist an dem Vorhaben beteiligt.

Der erste Peregrine ist auf eine Nutzlast von nur 30 kg beschränkt, und die ist bereits verkauft. Bei späteren Flügen sollen insgesamt drei Rover abgesetzt werden. Die Standard-Nutzlastkapazität dieser Nachfolgemissionen beträgt 265 kg, und mit dieser Kapazität will sich Astrobotic auch am CLPS-Programm der NASA beteiligen.

Und man mag es kaum glauben, aber auch ein deutsches Unternehmen mischt bei der Renaissance im Weltraum mit. Dabei handelt es sich um das Berliner Startup PTScientists. Wenn bei ihnen alles wie geplant läuft, dann haben auch sie gute Chancen, noch vor dem Ablauf des Jahres 2023 mit ihrem Alina-Lander und den beiden vom deutschen Autohersteller Audi finanzierten und technisch unterstützten Rovern mit der Bezeichnung Audi Lunar Quattro den Mond zu erreichen. Die Erste von hoffentlich vielen Landemissionen soll in die Nähe der Landestelle von Apollo 17 führen.

Parallel zum CLPS-Programm wird die NASA eigene Kapazitäten entwickeln lassen. Dies wird im Rahmen des NASA Lunar Exploration Program geschehen. Dafür lauft derzeit eine Ausschreibung mit dem Titel „Lunar Surface Transport Capability".

Die US-Raumfahrtbehörde plant in diesem Rahmen zwei Demonstrationsflüge mit so genannten Flex-Landern, die in einigen wenigen evolutionären Schritten hin zu einem bemannbaren Landesystem führen. Die Abkürzung Flex steht für „Flexible Lunar Explorer". Der erste Flug soll Ende 2022 erfolgen, der zweite 2024. Der erste Flex-Lander soll eine „mittlere" Größe aufweisen. Das bedeutet bei der NASA, dass er in der Lage sein muss, eine Nutzlast von 500 bis 1000 kg auf der Mondoberfläche zu landen. Die Erkenntnisse aus dieser Mission sollen in den Lander einfließen, der 2024 starten soll. Das Ganze soll auf dem Mond getestet werden, und schließlich – so der bis zum März dieses Jahres gültige Plan – in der zweiten Hälfte der 2020er Jahre in einem „bemannbaren" Advanced Exploration Lander münden, der eine Nutzlast von bis zu 5000 kg auf die Oberfläche des Mondes transportieren kann.

Nicht Bestandteil der NASA-Planung waren bis vor kurzem die Systeme, welche die beiden privaten Raumfahrtgiganten Blue Origin und SpaceX entwickeln. Das ist zum einen der Blue Moon Lander und zum anderen das gewaltige BFR-System. BFR steht übrigens bei den zahllosen SpaceX-Fans für „Big Fucking Rocket". Offiziell meint SpaceX aber mit BFR die Big Falcon Rocket. Diese beiden Systeme können die gegenwärtigen Planungen für die Zeit nach 2024 noch gehörig umkrempeln.

Ab 2024 bemannt zum Mond?

Die detaillierten chinesischen Pläne laufen derzeit bis Chang'e-8, die im Jahre 2027 mit einem Rover und einem kleinen raketengestützten Freeflyer auf Ressourcenerkundung gehen soll. Damit wird bei den Chinesen auch schon die Vorstufe für die nächste Phase eingeläutet: die bemannte Erkundung des Erdtrabanten.

Um das bewerkstelligen zu können, hat vor einiger Zeit die Entwicklung der Langer Marsch 9 begonnen, einer Superträgerrakete mit einem Startgewicht von 3000 t. Über 70 % ihrer Hardware und der Komponenten sind bereits in Entwicklung. Insbesondere im Triebwerksbereich und beim Schweißen von Großstrukturen laufen die Versuche und der Prototypenbau. Ende März 2019 wurde beispielsweise der Gasgenerator der neuen, jeweils 5000 kN Schub leistenden Haupttriebwerke dieses Trägers erfolgreich getestet. In etwa zehn Jahren soll Chinas Mondrakete einsatzbereit sein. Dann wird sie in der Größen- und Leistungsklasse der Saturn V des Apollo-Programms liegen. Sie kann mindestens 140 t Nutzlast in eine niedrige Erdumlaufbahn bringen, 50 t auf eine Mond-Transferbahn oder 44 t zum Mars. Erste bemannte chinesische Mondflüge werden gemäß Planung um das Jahr 2030 erwartet. Das erklärte Ziel Chinas ist die Einrichtung einer permanent besetzten Mondstation.

Projekt Artemis

Am 13. Mai gab NASA-Administrator Jim Bridenstine dem bis dahin nur als „Pence-Initiative" bezeichneten Plan des US-Vizepräsidenten Mike Pence, noch vor Ablauf des Jahres 2024 wieder US-Astronauten auf dem Mond zu landen, den offiziellen Namen Artemis. Er hätte keine bessere Bezeichnung finden können. In der griechischen Mythologie ist Artemis die Zwillingsschwester von Apollo. Gleichzeitig ist sie die Göttin der Jagd, und als solche stets mit ihrem Jagdgefährten Orion unterwegs.

Um bereits 2024, und nicht wie ursprünglich geplant irgendwann nach 2028 auf dem Mond zu landen, beabsichtigt die NASA, ihre bisherigen Pläne für den Lunaren Gateway zu stutzen. Er wird jetzt nur noch die Elemente enthalten, die zur Unterstützung des Artemis-Plans notwendig sind. Das „reduzierte" Gateway würde dann nur noch aus dem so genannten „Power and Propulsion Element" (kurz: PPE) bestehen, einem Mini-Habitat mit der Bezeichnung „Utilization module" und einem Mehrfach-Dockingadapter, der neben dem bemannten Orion-Raumschiff auch den unbemannt zum Gateway entsendeten Lander aufnimmt.

Der erste Mondaufenthalt – er soll in der Nähe des Südpols des Erdtrabanten führen – wird eine Dauer von drei bis vier Tagen kaum überschreiten. Er wäre damit nur unwesentlich länger als die Oberflächenaufenthalte der Apollo-Missionen 15, 16 und 17. Auch dieses Mal sollen bei der ersten Artemis-Mission nur zwei Astronauten landen. Gewünscht sind dabei eine Frau und ein Mann, wobei die Frau als erste der beiden den Mond betreten soll. Danach soll im Schnitt jährlich eine weitere Mission mit jeweils einer Landung erfolgen, bis dann etwa ab 2028 – so wie im ursprünglichen Plan vorgesehen – mit längeren Mondaufenthalten begonnen wird.

Für die Durchführung des Artemis-Programms, braucht die NASA noch in diesem Jahr 1,6 Mrd. US$ mehr, als im NASA-Budget (von rund 21 Mrd. US$) vorgesehen war. Dieses Geld soll aus Überschüssen des so genannten „Pell Grant Program" entnommen werden, einem Fond zur Unterstützung von Studenten und Bildungsprogrammen. In diesem Topf hat sich in den letzten Jahren ein Überschuss von neun Milliarden Dollar angesammelt. Die geplante „Plünderung" dieses Fonds dürfte allerdings erheblichen Widerstand bei den Demokraten im Kongress hervorrufen.

Ein ambitioniertes und teures Unterfangen

Die 1,6 Mrd. sind allerdings nicht mehr als eine Anzahlung, denn in den kommenden Jahren wird die NASA jährlich jeweils sechs bis acht Milliarden Dollar mehr benötigen, als die mittelfristige Finanzplanung für die NASA bislang vorsieht.

Der Termin 2024 wurde nicht zufällig so gewählt. Er würde am Ende einer hypothetischen zweiten Amtszeit von Donald Trump stehen. NASA-Chef Bridenstine gibt zu, dass das einen erheblichen Vorteil hätte. Wenn Trump noch im Amt wäre, dann wäre auch die Gefahr, dass die Mondlande-Agenda gekippt wird (wie schon etliche Male zuvor bei wechselnden Präsidentschaften) nicht so groß.

Um die Mondlandung bis 2024 zu schaffen muss die NASA jetzt drei Dinge vorrangig in Angriff nehmen. Das ist zum einen die Entwicklung des Landers, die Entwicklung einer Aufstiegsstufe und die Entwicklung von Raumanzügen für den Mondaufenthalt. Die für die ISS verwendeten Raumanzüge, bei denen Gewicht, Masseverteilung, Beweglichkeit und Widerstand gegen korrosiven Mondstaub keine Rolle spielen, sind dafür ungeeignet.

Mit nur wenigen Tagen Unterschied zur Bekanntgabe der NASA-Pläne präsentierte Amazon-Chef Jeff Bezos in Washington ein 1:1-Modell der Mondlandesonde „Blue Moon", an der sein privates Raumfahrtunternehmen Blue Origin bereits seit drei Jahren arbeitet und die perfekt für das neue Programmschema geschaffen ist.

Das US-Orion/SLS-Programm der NASA ist seit vielen Jahren mit einer prächtigen Finanzierung ausgestattet. Was es allerdings bis vor wenigen Monaten nicht davon abhielt, sich von einer Programmverschiebung zur nächsten zu schleppen, unterbrochen von gelegentlichen, Jahre auseinanderliegenden Hardwaretests. Anfang März dieses Jahres kündigte Boeing, der Hauptauftragnehmer der Trägerrakete, mal wieder eine der schon zur Tradition gewordenen Verschiebungen des Erstflugs an: dieses Mal gleich um eineinhalb Jahre. Gleichzeitig verkündete der Konzern eine Kostenerhöhung um zwei Milliarden US-Dollar.

Dabei hatte das Programm in den letzten Jahren nach langer Sinnsuche endlich mit dem Lunar Gateway eine Bestimmung gefunden. Dieses „Gateway", eine kleine internationale Raumstation am Lagrange-Punkt L2 des Erde-Mond-Systems, sollte als Absprungpunkt für zukünftige Landemissionen und als Vorbereitung für spätere bemannte Expeditionen zum Mars dienen. Von den ersten beiden Testflügen – als EM-1 und EM-2 bezeichnet – einmal abgesehen, sollten alle weiteren im kommenden Jahrzehnt geplanten bemannten Orion-Missionen dem Aufbau dieses Gateways gewidmet werden.

Die Testeinsätze für Trägerrakete und Orion-Raumschiff waren zuletzt für Juni 2020 und für irgendwann im Jahr 2022 geplant gewesen. Die unbemannte EM-1-Mission war auf drei Wochen ausgelegt und sollte sich vorwiegend im cislunaren Raum bewegen, davon sechs Tage auf einem hohen retrograden Mondorbit mit zwei nahen Vorbeiflügen an der Mondoberfläche. Beim Vorbeiflug am Mond sollten dabei insgesamt 13 japanische und US-amerikanische Nutzlasten abgesetzt werden. EM-2 sollte dann, zwei Jahre später, diese Mission wiederholen, dieses Mal aber mit einer vierköpfigen Crew an Bord.

Etwa um 2024 war geplant, das erste Bauteil des Gateways, das Power and Propulsion Element (PPE), mit einer unbemannten Rakete auf die vorgesehene Stationierungsposition des Gateways zu bringen. Alle weiteren Elemente sollten in den Jahren danach mit den bemannten Orion-Missionen transportiert werden. Dies sind ein Crew-Habitat und eine Luftschleuse für Außenbordarbeiten, zwei weitere Crew-Module, von denen eines aus Europa kommt, ein Betankungssystem, das ebenfalls Europa zusammen mit einem Modul namens Infrastructure and Telecommunications Module (ESPRIT) bereitstellt, einem weiteren US-Segment, das als Utilization Module bezeichnet wird, und einem Roboter-Arm.

Die Mission EM-3 sollte als erste Mission am Power and Propulsion Element anlegen. Bei diesem Flug soll die Orion mit der angekoppelten ESPRIT-Einheit und dem Utilization-Modul zum Gateway fliegen, und diese dort andocken.

Bei den Missionen EM-4 bis EM-7 wären dann nach und nach alle weiteren Elemente zum Gateway gekommen. Bis um das Jahr 2030 – so der bisherige Plan – sollte dann die Kleinraumstation im cislunaren Raum fertig sein. Somit stünden den Astronauten etwa 125 m^3 Lebensraum zur Verfügung, ein Achtel des verfügbaren Raumvolumens der Internationalen Raumstation ISS. Und irgendwann bald danach, so der ursprüngliche Plan, sollten die Amerikaner erneut auf dem Mond landen, in der Hoffnung, dort nicht schon von chinesischen Taikonauten begrüßt zu werden.

Überraschungsprojekt Artemis

Doch ganz überraschend kam im März 2019 – gleich nach Boeings Ankündigung der abermaligen Programmverschiebung – Bewegung in die Sache. Zunächst stellte NASA-Administrator Jim Bridenstine zur Debatte, das Orion-Raumfahrzeug mit kommerziellen Anbietern statt mit Boeings SLS starten zu lassen. Dafür hätte es kurzfristig als Träger nur die Delta-4-Rakete der United Launch Alliance und die Falcon Heavy von SpaceX gegeben. Ein solcher Schritt hätte allerdings eine massive Umkonstruktion des Orion-Systems und eine Änderung der bisher geplanten Gateway-Architektur zur Folge, weil diese derzeit vollständig auf die wesentlich leistungsstärkere SLS-Rakete ausgelegt ist.

Nur wenige Tage später folgte ein weiterer Paukenschlag, denn Vizepräsident Mike Pence erklärte den Mond zur Chefsache. Ihm war wohl klargeworden, dass der 13. Mensch auf dem Mond beim gegenwärtigen schleppenden Fortschritt des SLS-Programms kein Amerikaner sein würde. Und der Mond war wichtig geworden in den letzten Jahren. Sehr wichtig. Zum einen hat er in einer Welt zunehmenden Hegemoniestrebens Bedeutung gewonnen. Mit ihm verbindet man sowohl strategische, als auch technologische und wissenschaftliche Interessen. Zum anderen wird der Mond auch eine wirtschaftliche Rolle spielen.

Für uns Europäer und vor allem für die sehr häufig technologieskeptischen Deutschen mag das Sciencefiction fernab jeder Lebensrealität sein. Tatsächlich werden aber gegenwärtig die Weichen für die kommenden Jahrzehnte gestellt. Dies wird in Peking und in Washington gleichermaßen wahrgenommen.

Beim Treffen des National Space Council in Huntsville am 26. März 2019 gab es daher klare Worte von Vizepräsident Mike Pence: *„Nur damit das klar ist: Die erste Frau und der nächste Mann auf dem Mond werden amerikanische Astronauten sein. Gestartet mit amerikanischen Raketen, von amerikanischem Boden aus.“. Und er legte nach: „Wenn die NASA jetzt nicht in der Lage ist, innerhalb von fünf Jahren amerikanische Astronauten auf den Mond zu bringen, dann müssen wir die Organisation ändern, nicht die Mission.“ Und er erläuterte gleich, wie er sich das vorstelle: „Wenn kommerzielle Raketen der einzige Weg sind, amerikanische Astronauten in den kommenden fünf Jahren auf den Mond zu bringen, dann werden es eben kommerzielle Raketen sein.“ Und direkt an die Firma Boeing gerichtet: „Wir sind keinem Unternehmen verpflichtet. Wenn unsere gegenwärtigen Auftragnehmer die gestellten Ziele nicht erreichen können, dann werden wir die finden, die das können. Der Zeitplan ist von nun an das oberste Gebot“.*

Offensichtlich half das, denn an dieser Stelle stellte Boeing plötzlich fest, dass es bei reiflicher Überlegung vielleicht doch möglich sei, wie geplant im Jahre 2020 den Erstflug des SLS-Systems durchzuführen, wenn auch zu gewissen Mehrkosten. So wird es beim SLS-System bleiben.

Aber auch die private Raumfahrt bekommt ihre Chance. Und das liegt an der Verlautbarung von NASA-Chef Bridenstine vom 13. Mai 2019. Der Pence-Plan bekam da einen Namen: Artemis. So heißt von nun das Projekt, mit dem die Amerikaner statt irgendwann nach 2028 bereits 2024 eine Crew auf die Mondoberfläche senden wollen. Passend dazu stellte Jeff Bezos fast zeitgleich ein 1:1-Modell seines „Blue Moon“ Mondlanders vor, der auf wundersame Weise exakt zum Projekt Artemis passt. Details dazu finden Sie im Kasten auf Seite 52.

Nach Jahrzehnten der Stagnation entwickelt sich nun die weitere Geschichte der Inbesitznahme des Mondes rasant. Die Mond-Renaissance hat begonnen.

Eugen Reichl ist Mitarbeiter eines internationalen Raumfahrtkonzerns. Nebenberuflich schreibt er für Internetportale und Zeitschriften und ist Autor mehrerer Bücher zum Thema Raumfahrt.

Printed in the United States
By Bookmasters